工程師的思考法則

暢銷
經典版

101 Things I Learned
in Engineering School

John Kuprenas
with Matthew Frederick

擁有科學邏輯的頭腦，像工程師一樣思考

100 原點
UN-
300CS

致我的家庭

——約翰

Author's Note

工程師認為他們的專業迷人、有創造力並充滿有趣的挑戰。然而行外人卻經常認為工程學是重複性高、機械性而且讓人感到挫折。

兩種觀點都明顯為真。因為工程是門複雜的學問。工程學需要在大學課程的前兩年密集地學習數學，物理與化學。儘管聚焦在這些重要學科上，大學課程往往並沒有展現學科間的連結。當我還是一個工程學院的新鮮人時，我發現課堂上所學到的計算與抽象概念，難以與現實世界產生連結。這讓我感到很挫折。工程學院的課程讓你見樹，卻不見林。

本書《工程師的思考法則》試圖翻轉這一點。藉由強調基本概念背後的常識、各項工程學專業主題之間的關聯、簡單的抽象概念如何從日常生活中推導出來，這本書展現了工程學背後的脈絡，相信能讓讀者一瞥工程學的林與樹。

我希望這本書能啟蒙並激起大學生找出學科間連結的興趣，讓他們瞭解他們正在學習的數學、科學知識背後的脈絡。啟發在職工程師們去反思他們各個專業領域間微妙而難以捉摸的關係。並鼓勵一般讀者以工程師的視野看待工程的世界：一個迷人、富創造力、有挑戰性、需要協作、並永遠充滿意義的世界。

約翰・庫本納斯

目錄 Contents

致謝

Acknowledgments

約翰:感謝 Weston Hester、Keith Crandall、Ben Gerwick、William C. Ibbs、Provindar K. Mehta、David Blackwell 的幫助,也感謝天光(Skylight)與鮑威爾(Powell's)兩家出版社的書所給我的啟發、以及費加洛咖啡館(Figaro Café)裡的那些對話。

馬修:感謝 Tricia Boczkowski、Regina Brooks、Nancy Byrnes、Sorche Fairbank、Venkataramana Gadhamshetty、Harmonie Hawley、Matt Inman、Andrea Lau、Dave McNeilly、Amanda Patten、Angeline Rodriguez、Aaron Santos、Simon Schelling、Molly Stern 以及 Rick Wolff。特別感謝 Marshall Audin、Myev Bodenhofer 以及 David Mallard 的點子、幫助與支持。

工程師的思考法則

擁有科學邏輯的頭腦，像工程師一樣思考

101 Things I Learned in Engineering School

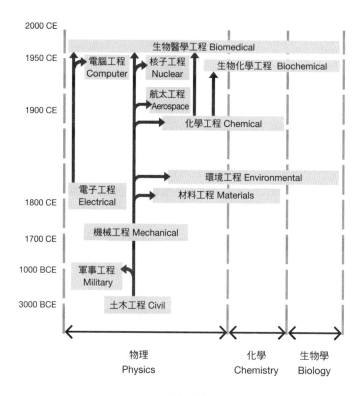

工程學系譜

Civil engineering is the grandparent of all engineering.

土木工程是所有工程學分支的源頭。

在羅馬帝國時代的早期，土木工程（civil engineering）同義於軍事工程（military engineering）。直到 1802 年美國西點軍校創建第一個工程學院時，土木工程與軍事工程兩者間的連結仍然很強。西點軍校的畢業生規劃、設計並監督了許多美國國內早期公共設施，包含道路、鐵路、橋樑、港口，也規劃了美國西部大部分的建設。

01

Engineering succeeds and fails because of the black box.

工程的成功與失敗取決於「黑盒子」。

工程學是一個包含多種專業的領域，由不同的個人與團隊著手處理同一計畫裡的不同面向。概念上，一個黑盒子包含了一門工程的專業知識與程序。在一個包含不同專業的設計團隊裡，來自某一專業的產出，會成為另一專業的處理對象。舉例來說，一個燃料系統的設計者，在「燃料系統黑盒子」內完成任務，並將其產出交予引擎設計者處理。引擎設計者在其黑盒子內產出設計，並交予自動排檔裝置設計者處理。如此完成跨領域專業的設計。

然而，設計的方案並不是如畫直線般地一氣呵成，團隊以複雜而相互連動的方式完成設計。因此，這種以黑盒子分工看待工程專業的方式，最好被視為暫時性的理想模型，這暫時性的理想模型會在設計過程中，因為產品的限制、發展潛能的顯現、或原型模型的測試結果而被調整、重新定義。如此，黑盒子分工的模型才能發揮最大效用。若我們將黑盒子分工的模型視為永遠不變、處理次序總是相同的話，終將導致計畫失敗。

O2

The heart of engineering isn't calculation; it's problem solving.

工程的核心不是計算，而是解決問題。

學校可能側重於教導計算的方法。但計算並不是工程的階段目標或最終目的，計算只是用來找到問題解決方案的許多手段之一。而藉由計算所找到的解決方案，其所提供的有效改良方法將能被客觀量測 。

O3

單一力作用的向量

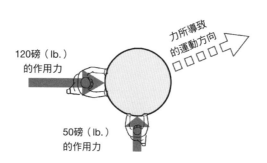

兩個方向的作用力所合成的向量

You are a vector.

你的重量即是向量。

作用力可以用向量（vector）作圖像表達。向量的長度代表力的量值，而力的方向則依其與 x 軸、y 軸、z 軸之間的關係，以箭頭標示。每一個人都受重力作用，向量大小（重量）以磅或牛頓為單位，而方向指向地球的中心。任何一個單一的向量都能被拆解成多個向量，反之亦然（多個向量能夠合成單一的向量），只要最終多個向量加總的方向跟量值，跟原本單一向量一樣就行了。

04

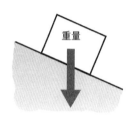

重量

斜坡上的磚塊

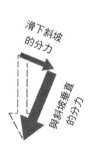

滑下斜坡
的分力

與斜坡垂直
的分力

重力向量分析

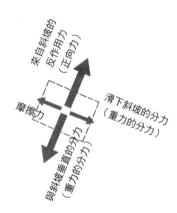

來自斜坡的
反作用力
（正向力）

摩擦力

滑下斜坡的分力
（重力的分力）

與斜坡垂直的分力
（重力的分力）

力圖分析
free body diagram

Every problem is built on familiar principles.

每一個問題都蘊藏著我們熟悉的原則。

每一個問題都深深緊扣著一個我們熟悉的基本概念。這個概念可能來自靜力學（statics）、物理學或數學。當我們遇到複雜的問題而無從下手，試著從那些問題中找出能以熟悉的原則或工具掌握的部分。我們可以直覺地、或是系統性地掌握這種拆解問題的方式，只要最終用來解決問題的方法在科學上是可靠的就行。從熟悉處開始下手，就能指出通向解決方案的途徑，或者能指向有待發展的新工具或新見解。

O5

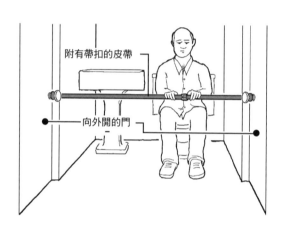

附有帶扣的皮帶

向外開的門

過去在魁北克的路易十四飯店，
以此方法預防顧客把彼此誤鎖在公用盥洗室外。

Every problem is unique.

每一個問題都是獨特的。

要解決工程問題需仰賴我們所熟知的方法，但同時也需要新的發明。有些解決問題的工具在機械性的重複中被發明出來、有些因為直觀的需求而自然出現、有些工具的使用在重複學習的過程中漸漸變得直觀、有些工具的出現是因為其必要性，或在山窮水盡的困境中被發明出來。把你開發、並拿來解決現有問題的「工具」，用於解決未來的問題。比這更重要的是，將你用來發明新工具的「思維方法」用來解決未來的問題。

06

直管

流體於每 100 英呎中會有 5.5
英呎摩擦損失（friction loss）

90度彎頭

摩擦損失等同於 4 英呎直管

45度彎頭

摩擦損失等同於 2 英呎直管

支流三通管

摩擦損失等同於 8 英呎直管

為了簡化（由摩擦所造成的）壓力損失的計算，所有部件都以相同長度的直管進行計算。
（假設管線為 PVC 管，直徑 1.5 英吋，初始流動率為每分鐘 30 加侖）

"Inside every large problem is a small problem struggling to get out."

——TONY HOARE

「在每一個大問題裡，都有一個小問題等待優先解決。」

——東尼・霍爾[*]

[*]譯註：霍爾（1934-）英國計算機科學家，圖靈獎得主，開發了霍爾邏輯、交談循序程式、快速排序演算法等。

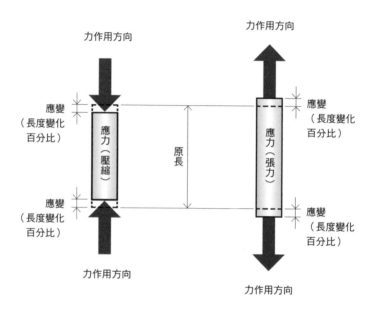

An object receives a force, experiences stress, and exhibits strain.

一個物體受力作用、承受應力並展現應變。

「作用力」（force）、「應力」（stress）、「應變」（strain）這些詞彙經常在日常對話中被交替使用，也甚至被一些不特別嚴謹的工程師如此使用。然而，這些詞彙都有不同的意涵。

作用力（force，有時也稱為 load），從外在作用於物體，能造成物體速度、方向、形狀的改變。作用力的例子包括作用於潛水艇艇身的水壓，雪的重量給予橋身的壓力，以及風力給予摩天大樓一側的作用力。

應力（stress）是物體內部對於外在作用力的阻抗。應力是單位面積的受力，以「磅／平方英吋」等單位來表達。

應變（strain）是應力下的產物，是可被測量的物體形狀變化比率，如物體長度的增加或減少等。

O8

物體保持不動

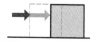

滑動 translation or sliding

滾動 rotation

物體移動

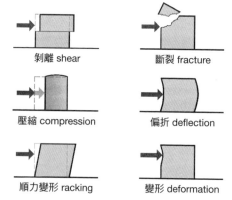

剝離 shear　　　　　斷裂 fracture

壓縮 compression　　偏折 deflection

順力變形 racking　　變形 deformation

物體產生形變

When a force acts on an object, three things can happen.

當力作用在物體上，三種狀況可能發生。

受力作用的物體，或保持靜止不動、或運動、或改變形狀——或經歷上述反應的組合。一般來說，機械工程學（mechanical engineering）致力於利用物體的運動，而結構工程學（structural engineering）則避免或讓運動程度降到最低。多數的工程學科則致力於讓物體形狀改變程度降到最低。

O9

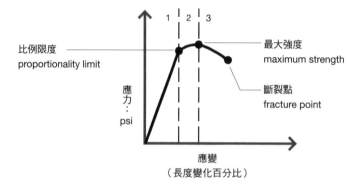

比例限度
proportionality limit

最大強度
maximum strength

斷裂點
fracture point

應力：psi

應變
（長度變化百分比）

簡化的應力–應變曲線
stress-strain curve

As a force acting on a fixed object increases, three things happen.

當作用在固定物體上的力增加時，三種狀況會發生。

1. 等比例延長期（proportional elongation phase）：一個物體，比方說一根鋼筋，在受到拉力的作用時，一開始，這根鋼筋會依作用的拉力而等比例地延長。若拉力 x 造成鋼筋延長了 d，那麼 2x 的拉力便會造成鋼筋延長 2d，3x 的拉力會造成鋼筋延長 3d，以此類推。如果拉力不再作用，鋼筋便會回到原本的長度。

2. 不等比例延長期（disproportional elongation phase）：超過某個負荷點後（負荷點因材質而有所不同），物體的形狀變化量將大於作用力增加的量。若 10x 的拉力能造成 10d 的拉長量，10.5x 的拉力就能造成 20d 的伸長量（假設 10.5x 的拉力超出了物質的負荷點）。當拉力不再作用時，物體不會回到原本的長度。

3. 延展期（ductility phase）：若作用力持續增加，物體將會更加明顯地形變並斷裂。

10

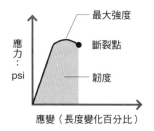

最大強度

斷裂點

韌度

應力：psi

應變（長度變化百分比）

硬而堅固但易碎
（延展性不高）的物質

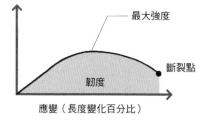

最大強度

斷裂點

韌度

應變（長度變化百分比）

較軟、較不堅固、延展性高，
最終較有韌性的物質

簡化的應力–應變曲線
stress-strain curve

四種物質的特性。

剛性／彈性（stiffness／elasticity）是指物質受力作用時，延展或縮短的表現。剛性為物質對長度改變的阻抗性；彈性則為物質回歸原本長度或形狀的能力。剛性在數學上以彈性模數（modulus of elasticity）量測，是應力－應變曲線中的斜直線部分，斜率越大，物質的剛性越高。

強度（strength）以物體承載重量的能力作為測量的基準。應力－應變曲線的最高點即為物質的最大強度（通常以拉扯物體而非壓縮物體的方式測量）。

延展性／易碎性（ductility／brittleness）與物體在碎裂前變形或延長的程度有關。一個具有高度延展性的物質像太妃糖一樣，其應力－應變曲線能夠朝右方再延展一些。易碎物質的曲線則會在達到最大強度後突然達到斷裂點。

韌度（toughness）即是對物質在碎裂前吸收能量的能力所做的整體測量。在應力－應變曲線圖中，韌度即是曲線下方的總面積。

11

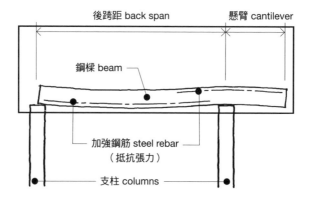

後跨距 back span　　　　　　懸臂 cantilever

鋼樑 beam

加強鋼筋 steel rebar
（抵抗張力）

支柱 columns

鋼筋混凝土樑
steel-reinforced concrete beam

Materials compete.

物質相互作用競爭。

物質會隨大氣狀態的波動而收縮或膨脹,並隨著材料的老化而改變其強度、形狀、大小以及彈性。有互補特性的不同材料能巧妙地結合。鋼鐵與混凝土在溫度改變時,會以接近的速率膨脹與收縮。如果兩者沒有以接近的速率膨脹收縮,鋼筋混凝土的結構會因為溫度的波動而崩解。

通常,不同材料之間並不是電中性(neutral)的。不同的材料會相互搶奪彼此的電子,造成腐蝕。物質的大小與形狀隨溫度、濕度、氣壓的不同而以不同的速率改變。物質也會因為材料疲乏、老化或維護情形而有不同的反應。比方說,飛機的輪胎與輪圈,在平時載重的一般情況下,以及氣溫、氣壓急遽變化的特殊狀況下,都會有不同的反應。輪胎跟輪圈是否能夠時時整合,有賴於兩者的構造被設計成可在各種不同的材料狀況中發揮功用。

12

陽極 anode
（較有活性）

鎂 magnesium
鋅 zinc
鋁 aluminum
鋼鐵或鐵 steel or iron
鉛 lead
鎳 nickel
黃銅 brass
銅 copper
青銅 bronze
不鏽鋼 stainless steel 304
鎳銅合金 monel metal
銀 silver
金 gold
鉑 platinum

陰極 cathode
（較無活性）

伽凡尼電池活性序列（galvanic series，又稱電勢序列）其中一段

A battery works because of corrosion.

電池能發揮功用是因為腐蝕作用。

在金屬表面，電子皆以極弱的鍵結拘束其中。當兩種金屬表面接觸時，金屬原子會相互搶奪電子。「貴」金屬（陰極〔cathode〕）會從更有「活性」的金屬（陽極〔anode〕）表面吸引電子。電子的移動會造成**陽極腐蝕**，並產生電流。碳鋅電池為常見的家用電池，其中鋅的活性大於碳，因而腐蝕並產生電流（在碳鋅電池中，碳被稱為類金屬〔metalloid〕，化學特性與金屬相似）。

13

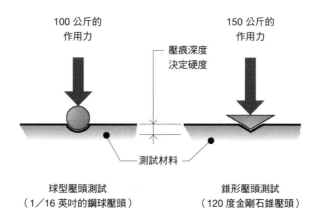

100 公斤的
作用力

150 公斤的
作用力

壓痕深度
決定硬度

測試材料

球型壓頭測試
（1／16 英吋的鋼球壓頭）

錐形壓頭測試
（120 度金剛石錐壓頭）

洛氏硬度測試
Rockwell hardness test

Harder materials don't ensure longevity.

物質的硬度不保證其壽命。

1915 年，一艘名為「海洋呼喚」（Sea Call）的船以蒙納（Monel）合金──一種相對新式且堅硬的鎳銅鐵合金──製造了出來。因為蒙納合金具有極強的抗鏽蝕性，且在潮濕環境仍能發揮功用，這艘「海洋呼喚」預期能夠使用很長一段時間。不幸的是，這艘 65 公尺長、10 公尺寬的船艦在使用六週就報廢了。蒙納合金製的船身完好無缺，但蒙納合金也造成船艦的鋼構與接合零件的鏽蝕速度，超過了與海水電解反應的速度。

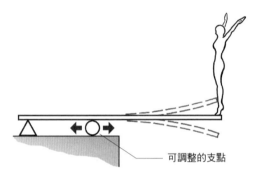

可調整的支點

跳水者藉由每一次彈跳，把位能儲存在跳水板裡。
藉由協調每一次降落與跳水板自然震動的頻率，跳水的起始高度因此提升了。

Soldiers shouldn't march across a bridge.

士兵不該跨橋行軍。

結構零件會隨常態的受力與衝擊而振動，就如同被撥動的吉他弦一樣。**物體自然的共振頻率**（natural or resonant frequency），是物體受擾動時完成振動循環（來回或上下運動一輪）所需要的時間。

當作用力以符合物質自然的頻率反覆地作用在結構零件上，零件的振動會隨著循環而加強。造成的效果從發出極大的嗡嗡聲（比方說當大樓的機械裝置振動頻率與大樓鋼樑的頻率相互吻合時）到令人不適的擺動甚至偶然的崩塌都有。許多相對小的地震，因其震動頻率與被影響的建築吻合，而對建築造成嚴重的傷害。2000 年時，上千民眾一同慶祝倫敦千禧橋（London Millennium Footbridge）的開放，意外地因行走的節奏正巧等同於橋結構的自然頻率，而引起了震動。當他們隨這震動搖擺時，更進一步意外地增強了震動。活動結束後，千禧橋不得不再次封閉以修理結構。

紙條因為氣體動力而顫動

為何舞動的葛提會崩塌？

華盛頓州的塔可馬懸索橋（Tacoma Narrows suspension bridge）竣工時，是世界上第三大懸索橋，儘管在建設期間因不尋常的上下擺動而被稱為「舞動的葛提」（Galloping Gertie），塔可馬懸索橋仍在 1940 年開放使用。同年 11 月，當駕駛李歐納德·考斯沃（Leonard Coatsworth）與他的可卡犬托比（Tubby）獨自開過塔可馬橋時，橋開始劇烈地擺動。因為無法將車開過橋，也無法將托比帶出車外，考斯沃只能一個人徒步逃出。在幾次失敗的救援嘗試後，他的寵物狗、車與橋體最終一起落入了普捷灣（Puget Sound）中。

華盛頓州公路局得出的結論是：並不是像一般認為的那樣，橋的崩塌並非由特定頻率吹拂的風與橋之間的自然共振所引發，而是由於氣體動力顫動（aeroelastic flutter，因氣流而起的顫動）所造成的**扭轉顫動**（torsional flutter，重複性的扭轉）。853 公尺長、12公尺寬的吊索結構本來就不耐風吹，橋的實心鋼板更只有 2.5 公尺寬，而橋原本計畫使用的是 7.6 公尺寬的強化桁架。

崩塌發生十年後，「堅毅葛提」（Sturdy Gertie）完成了，結合了原設計的斜坡與主結構，但加上了 10 公尺寬的強化桁架。

16

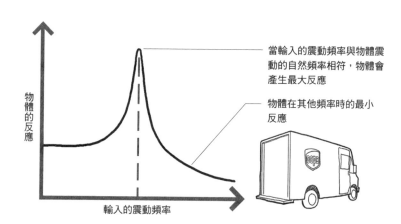

當輸入的震動頻率與物體震動的自然頻率相符，物體會產生最大反應

物體在其他頻率時的最小反應

物體的反應

輸入的震動頻率

Softer materials aren't always more protective.

柔軟的物質並不總是更具保護力。

包裝工程師（packaging engineer）發現只有極少數包裹在運送給收件人時，會意外掉落地面，而包裹從足以毀壞內容物的高度掉落的案例則更為稀少。儘管運輸過程的撞擊傷害不多，但所有的產品在運輸中都受汽車震動影響。不適當的緩衝物會放大汽車的震動，並使與汽車震動頻率相符的物品受損。一個設計不良的包裹，將會因此破壞它應該要保護的物品。

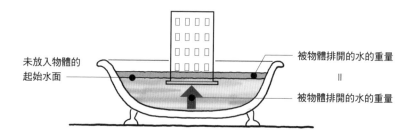

未放入物體的
起始水面

被物體排開的水的重量
=
被物體排開的水的重量

阿基米德原理
Archimedes's principle

Buildings want to float.

建築想要上浮。

物體所受的上升浮力，等同於物體所排開的水的重量。如果建築的較低樓層是在地下水面之下，那麼浮力會向上舉起建築——即使被建築排開的水已經在土壤中四散。浮力不太可能作用在一個已經完成的建築，然而若只有地基、地下室或地下停車場而沒有建築將地下結構下壓的話，浮力會產生作用並使這些地下結構上浮。因此，裝於地下結構中的地下儲存槽，必須至少與它可能排開的地下水重量等重。

18

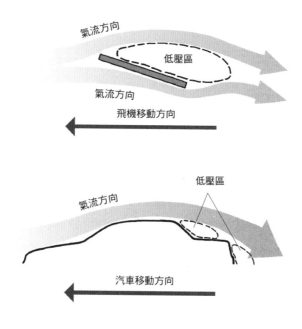

氣流方向

低壓區

氣流方向

飛機移動方向

低壓區

氣流方向

汽車移動方向

簡化的氣流示意圖

Automobiles want to fly.

汽車想要飛行。

從截面圖來看,飛機的機翼形狀為翼型(airfoil shape),就像是有點彎曲的錐菱形(tapered lozenge)。但飛機即使用一個稍有角度的平板機翼也能飛行。當飛機前進時,一個低壓區即在飛機機翼上方形成,並將飛機「吸」進天空裡。不過若機翼的形狀為翼型,將能產生較少的阻力並更有效率。

在汽車行進的過程裡,也同樣會產生低壓區。真空區經常會生成於行進的汽車後方,並對車子的行進產生阻力。如果車子是傳統四房轎車的車型,車子後方也會生成低壓區並造成車尾的抬升。時速大於 113 公里時,便會對駕駛的操縱造成顯著影響;時速近 322 公里時,車子可能會整個浮在空中。

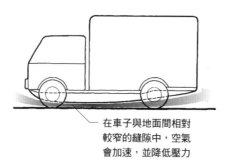

在車子與地面間相對
較窄的縫隙中，空氣
會加速，並降低壓力

由科林‧查普曼（Colin Chapman）等人所繪製的示意圖（美國專利編號 4386801）

The ground effect

地面效應

賽車尾翼藉由在車尾引進下壓的力量來抵消浮力。然而,這樣的下壓力也會增加阻力,降低氣體動力的效率。

英國發明家科林·查普曼(Colin Chapman)找到了一種更有效率的設計。他在賽車底盤設計了一個前後貫通的氣道,氣道上方的形狀如同倒轉的翼型。這樣的設計與極低的離地間隙以及側板相互結合,經過車子底部的空氣會被導入一個狹窄的區域,加速空氣的流動。快速流動的空氣具有較低的氣壓,這使得汽車被「吸」在路上。這樣的地面效應(ground effect)設計,後來被證實是有效的。在查普曼的團隊將設計引入 F1 賽車後,這樣的設計便被禁止了。

查普曼的設計有其優缺取捨:如果具有地面效應的車在高速行駛時受到撞擊,底盤的氣流可能被擾動,並災難性地失去控制。但查普曼發明的天才是不可否認的,他反轉了下壓力增加所造成的難解問題,他從反面思考問題,並創造了「地吸力」。

20

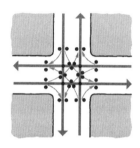 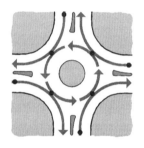

一般十字路口	汽車的交通衝突點（●）	圓環交流道
32 個		8 個
1300–1500 輛車	每小時車道運載量	1800 輛車
將近時速 89 公里	交通速度	時速 24–40 公里
將近 90 度	相撞的角度	低／偏斜

A roundabout is the safest, most efficient intersection.

圓環交流道是最安全，也是最有效率的交叉口。

以圓環交流道（roundabout）取代傳統十字路口的交叉口，交通的延遲減少了 89%、交通意外減少了 37% 到 80%、意外受傷率減少了 30% 到 75%，而致死率減少了 50% 到 70%。意外的減少，甚至能帶來八倍左右投資上的回饋。

一個德州大學的土木工程團隊，發現有閃光燈的十字路口是最危險的道路交叉口，其意外發生率是有紅綠燈十字路口的三倍，並是圓環交流道的五到六倍。

21

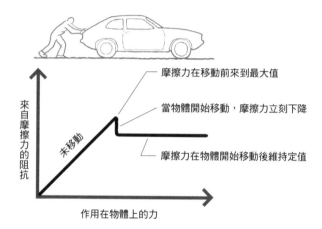

摩擦力在移動前來到最大值

當物體開始移動，摩擦力立刻下降

摩擦力在物體開始移動後維持定值

來自摩擦力的阻抗

未移動

作用在物體上的力

Friction is the enemy of a rolling object, but it is what allows it to roll.

摩擦力是滾動的大敵，但也讓滾動成為可能。

一個滑動或滾動的物體，會因為它與接觸面之間的細微凹凸或皺褶相互接觸，而產生摩擦並慢下來。摩擦力越大，輪子的效率越低、產出的熱也越多。摩擦力越小，輪子滾動的效率越高。這似乎說明沒有摩擦力的平面能讓輪子以 100% 的效率滾動。但在這種狀況下，輪子會因為沒有阻力而無法滾動，它只會在平面上滑動而已。

22

π = 3.14

正確但不精確

π = 3.1415926535

正確同時精確

π = 3.4566289441

不正確但精確

Accuracy and precision are different things.

正確性與精確性是不同的概念。

正確性（accuracy）只關乎測量或方法有沒有錯誤；而精確性（precision）是關於對細節的掌握程度。有效的問題解決的方法必須總是沒有錯誤的，然而這方法只需要具有足以解決問題的精確程度就可以了。在解決問題過程的初期，正確但不精確的方法（而且不需要是非常精確的方法）能促進設計的進展，並減少將時間花在不必要的細節資料上。

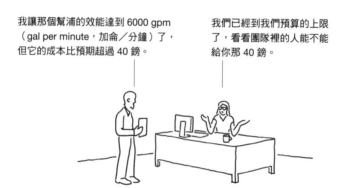

There's always a trade-off.

設計總是有所取捨。

輕巧對上強度、反應時間對上噪音、品質對上成本、靈敏的操作對上輕鬆的行駛體驗、測量速度對上測量精確度、設計所需時間對上設計品質……想要讓每項設計考量最大化是不可能的。好的設計並不會讓每個考量最大化，或在每個考量中做出妥協，而是在數個可能的方案中，尋找最好的那一個。

24

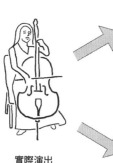

實際演出
reality

類比錄音
analog recording

省略實際演出的
某些資訊

數位錄音
digital recording

省略實際演出的
某些資訊

數位複本檔案
digital copy

省略類比錄像的
某些資訊

數位複本檔案
digital copy

100% 正確複製
數位錄像的內容

Quantification is approximation.

量化即為逼近。

工程學遵守科學定律，然而自然界並非如此。科學作為人類創造的一套理解系統，只是實在（reality）的一部分而已。自然界自行其道；而科學則是我們解釋自然界的、一個非凡但不完美的嘗試。量化的精確並不是來自於接近自然界，而是來自於量化自身。

25

200 公里為量測單位

　　海岸線長：
　　2,400 公里

100 公里為量測單位

　　海岸線長：
　　2,600 公里

50 公里為量測單位

　　海岸線長：
　　3,100 公里

英國全境地形測量

　　海岸線長：
　　17,820 公里

當測量的裝置變得更加精確時，一個不規則物體的量測結果就會趨近於無限。

Random hypothesis #1

隨機假說 #1

在你量化（quantify）之前，你並不完全瞭解某樣東西。然而如果你只做了量化，你也對那樣東西一無所知。

	黃杉	混凝土	A36 鋼樑
實驗室測試的最大強度	7,430 psi （應力，壓縮）	4,000 psi （應力，壓縮）	50,000 psi （應力，張力）
計算上的設計強度	1,350 psi	3,000 psi	36,000 psi
大略的安全界線	5.5	1.3	1.4

Engineers wear a belt and suspenders.

工程師會做多重保障。

所有工程用的材料都會經由實驗室測試來決定其結構性質，比方說在受力下材料能伸展或壓縮的程度，以及在多大的受力下材料會斷裂或碎裂。測試的結果會為材料設下一個形式上的**設計強度**（design strength），並應用在實務的計算上。然而，設計強度總是低於實際上材料斷裂或碎裂的受力值，如此才能將材料的品質差異納入考量。

工業製造的材料如混凝土或鋼筋，由於具有較統一的品質，每件材料間的差異相對小得多。然而，一條木樑可能來自一棵生病的樹木，對於乾燥過程的反應便會異於尋常，或具有不尋常數目的木瘤。因此，樹木的設計強度會比實驗測試結果低出許多。

工程師在設立額外安全界限時，通常會先高估受力數值，再以偏保守的方式取其數值，最後選擇比計算結果所建議的還要更大、更厚實的工程材料。

27

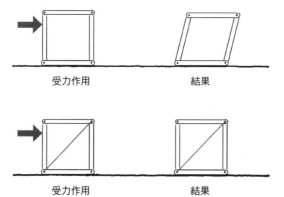

受力作用   結果

受力作用   結果

A triangle is inherently stable.

三角形本質上是穩定的。

與其他線性圖形不同,三角形的三個邊與三個角是相互依存的:三角形其中一角若角度改變,其中一個邊長便須同時改變,反之亦然。相對來說,正方形很輕易地就能在不改變邊長的情況下,受力而變成平行四邊形。

28

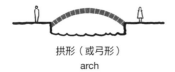

拱形（或弓形）
arch

懸臂
cantilever

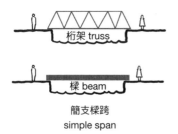

桁架 truss

樑 beam

簡支樑跨
simple span

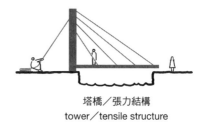

塔橋／張力結構
tower／tensile structure

四種搭橋的方式

The complexity of a truss is a product of simplicity.

桁架的複雜是簡約考量的結果。

桁架的複雜結構利用了三角形內有的穩定性。從一個三角形外接兩個邊開始 ，一連串相互依賴的三角形，形成一個能延伸很長一段距離的穩定結構，而這樣的結構只需用到一般樑柱材料的一小部分。

29

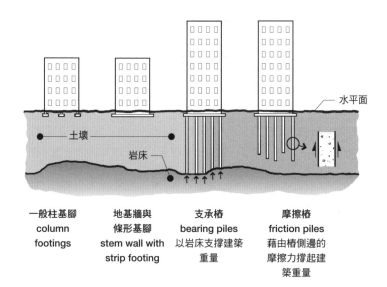

水平面

土壤

岩床

一般柱基腳
column
footings

地基牆與
條形基腳
stem wall with
strip footing

支承樁
bearing piles
以岩床支撐建築
重量

摩擦樁
friction piles
藉由樁側邊的
摩擦力撐起建
築重量

常見的地基／基腳類型

Structures are built from the bottom up, but designed from the top down.

建築結構的建造是由下而上的，然而設計卻是由上而下的。

建築物的下層結構支撐上層結構。在下層結構設計好之前，上層結構必須先設計完成。然而，結構無法一氣呵成地從上而下設計好。在決定如何將上層的受力轉移到下層的土壤之前，從設計草圖到最終定稿會進行多次更改，以增加設計的精密度與準確度。

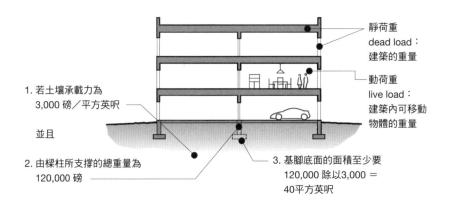

靜荷重
dead load：
建築的重量

動荷重
live load：
建築內可移動
物體的重量

1. 若土壤承載力為
   3,000 磅／平方英吋

並且

2. 由樑柱所支撐的總重量為
   120,000 磅

3. 基腳底面的面積至少要
   120,000 除以3,000 ＝
   40平方英吋

The contents of a building might weigh more than the building.

建築的內容物可能比起建築本身更重。

靜荷重（dead load）是建築自身的重量，在建築存在的期間幾乎完全不變。它包括了結構（如鋼樑、樑柱、托樑等）；主要的建築系統（外牆、窗戶、屋頂建材、內部塗飾材料等）；主要的建築元素（樓梯、隔板、地板材料等）與機械系統（暖氣、冷氣、管線與電子設備等）。

動荷重（live load）隨著時間而改變。動荷重來自於人、傢俱、車輛、風、地震、雪、物體的撞擊，與其他不同的來源。

總負荷（total load）被轉移到建築的地基，再被轉移到土壤中。一定面積的基腳所受的力不能超過土壤能承受的範圍，否則基腳會下沉。

31

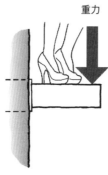

重力

鋼樑從牆壁懸掛出去

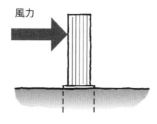

風力

摩天大樓由地表「懸掛」出去

A skyscraper is a vertically cantilevered beam.

摩天大樓如同垂直「懸掛」的鋼樑。

設計摩天大樓結構的主要挑戰不是抵抗垂直方向的力（如重力），而是抵抗來自水平方向的力（如風或地震）。因此，概念上，高樓的結構與功能，被設計成如同從地面垂直懸吊的鋼樑。

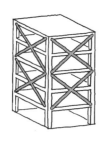

斜向支撐 diagonal bracing

以三角形結構抵抗側向力

剪力牆 shear wall

以加固工程抵抗作用於牆面的
側向力

橫膈樓版 floor diaphragm

以加固工程抵抗作用於地板的
側向力

增加水平受力強度的三種方法

Earthquake design: let it move a lot or not at all.

抗震設計：隨之而動，或者完全不動。

地震一般來說被描述為側向（水平方向）運動。建築結構能以極端的彈性或極端的堅固來抵抗這樣的側向力。在一個有**彈性的結構**裡，鋼樑與柱子的連接點會搭載液壓或對角吸震器，受力時，能相對自由地運動。而一個**堅固的結構**，仰賴結構間的高強度連結，以及建築基座裡的絕緣器（isolator，本質上就像一個大型的橡膠甜甜圈）。在兩種系統中，地震的能量被阻礙，建築體裡的人們將只會感受到來自地震的部分作用力。

33

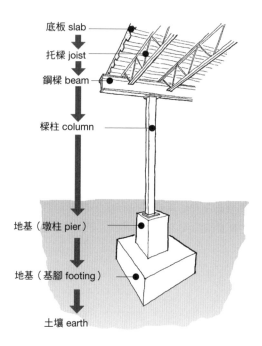

底板 slab

托樑 joist

鋼樑 beam

樑柱 column

地基（墩柱 pier）

地基（基腳 footing）

土壤 earth

Make sure it doesn't work the wrong way.

確保設計能以正確的方式發揮作用。

要在建築中，力在結構中的傳遞途徑被稱為傳力途徑（load path）。力有時會以設計者預期外的方式傳遞，這有可能導致結構上的崩塌。比方說，在正常受力下，每一根鋼樑都會稍微下沉一些。如果一個不具結構承重功能的隔板直接建在這些鋼樑下，那麼鋼樑可能會轉移一部分的受力給隔板。這可能導致隔板變形，或隔板可能進一步把受力傳遞給下方的地板，導致地板一同下沉甚至崩解。

如何讓設計正常發揮，與如何不讓設計以預期外的方式運作同樣重要。

34

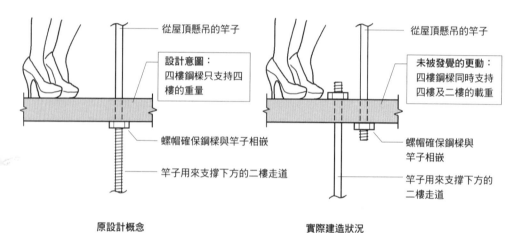

從屋頂懸吊的竿子

設計意圖：
四樓鋼樑只支持四樓的重量

螺帽確保鋼樑與竿子相嵌

竿子用來支撐下方的二樓走道

原設計概念

從屋頂懸吊的竿子

未被發覺的更動：
四樓鋼樑同時支持四樓及二樓的載重

螺帽確保鋼樑與竿子相嵌

竿子用來支撐下方的二樓走道

實際建造狀況

Kansas City Hyatt walkway collapse.

堪薩斯城凱悅酒店天橋坍塌事故。

1981 年 7 月 17 日，密蘇里州堪薩斯城，凱悅酒店兩座中庭內的天橋在舞會中坍塌了。這起意外造成一百一十四人死亡，超過兩百人受傷。

兩座天橋橫跨中庭的二樓與四樓，以鐵桿從屋頂垂吊下來。工程師計畫讓桿子一體成形地穿過天橋，上層的天橋由螺帽固定，而桿子同時穿過上下層的走道（見左圖的原設計概念）。

在建設過程中，工人發現裝設四層樓長的螺紋桿並將螺帽轉過兩層樓是有難度的。以兩組較短的鐵桿替代的計畫因此被提出了。其中一組會由屋頂吊下並固定四樓走道，另一組會從四樓將二樓走道吊起（見實際建造狀況）。工程師在未進行結構分析的情況下，核准了這項設計更動。

意外後的分析發現：這項更動使四樓的鋼樑承受了雙倍的載重。此外，設計裡的每條鋼樑也都並非單一結構，而是由兩條鋼樑平行焊接。當承重滿載，焊接處便斷裂，使得上層走道如「煎餅」般整層掉到下層走道。

35

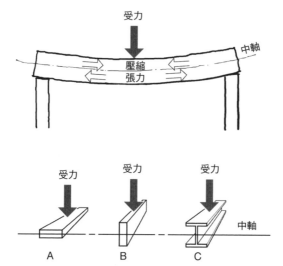

The best beam shape is an I — or better yet, an I.

鋼樑最好是 I 形，若為 I 形則更佳。

當鋼樑因為受力而彎曲，鋼樑的上層縮短（被壓縮），而下層伸長（被拉張）。壓縮與張力分別在鋼樑的最上端與最下端達到最大值。兩種力會隨著接近鋼樑中軸而逐漸遞減，到中軸時兩種力的作用值為 0。

同一根矩形鋼樑，豎立著使用（左頁 B）比橫躺著使用（左頁 A）更有效率，因為豎立的鋼樑其材料（受力部位）大多遠離中軸，如此才能讓一根鋼樑幾乎都可受力。I 形鋼樑（左頁 C）使用上則更有效率，也是因為相同原因。

36

簡支樑跨（鋼樑厚
度為 d）

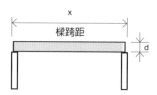

大多鋼樑可短距伸出
懸臂，以達到等同增
加厚度的效能

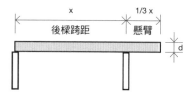

當移動支撐柱、形成
後樑跨距與懸臂，同
樣長度的鋼樑，其厚
度便能做得更小

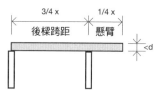

Get even more out of a beam.

充分利用鋼樑。

如何有效量測鋼樑的效能？看鋼樑跨距與鋼材用量之間的比例。鋼樑的效能，能以數種方式加強。

使用懸臂：（左頁中）讓鋼樑延伸超過支撐柱，這給了後樑跨距（back span）一個上升的力，讓鋼樑以更小的厚度就能發揮效能。多數鋼樑懸臂的安全長度，約為後樑跨距的三分之一。

將單點受力轉換為多點受力：鋼樑在多點受力的情況下，會比單點受力時更能輕鬆抵抗受力。像是將樑跨的中心受力轉移到其中一端，就很有效（左頁下）。建築高處的鋼樑受力，有時就能藉由這種重新配力的手段，縮減鋼樑尺寸。

使用桁架：雖然桁架必須比實心鋼樑更厚才能發揮相同效能，但桁架需用到的材料會比鋼樑少得多。

在鋼樑上打洞：在許多受力情境中，鋼樑的腹板（web）材料是可以挖空的，這使得鋼樑重量減輕，同時讓各種管線與電線穿過鋼樑。

37

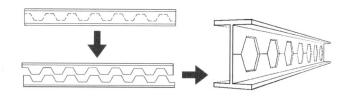

堞形樑
castellated beam
（又名空腹樑或蜂窩樑）

"Inventing is the mixing of brains and materials. The more brains you use, the less materials you need."

—CHARLES KETTERING

「發明是才智與材料的混合。你的才智用得越多，需要的材料便越少。」

———查爾斯‧凱特靈＊

＊譯註：凱特靈（1876-1958）美國發明家、工程師、商人，發明了汽車電力啟動器，多項專利改良了汽車性能。

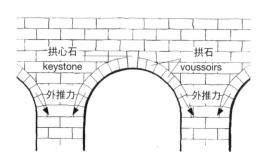

A masonry arch gets stronger as it does more work.

磚石拱在發揮功效時更加堅固。

由於重力總是試圖將整個建築帶向地面，通常被視為建築工程的大敵。但磚石拱（masonry arch）正因重力才能發揮功用。重力將拱內的每一顆拱石拉在一起，一個拉一個。拱的受力越大，拱石間的連結就越緊密，直到超過材料所能承受的受力極限。因此，磚石拱在受力相對較小的情況下容易解體，或說在拱石相對較少的情況下，可能**看起來**會不太穩固。

磚石拱的基座，除了承受垂直重力，拱會產生一個外推力（outward thrust）。這樣的外推力必須以大量的質量來抵銷，比方說拱橋兩邊的混凝土堤或土堤、或是為大教堂設計的飛扶壁（flying buttress）。當數個磚石拱連續並排，每個磚石拱的外推力便會互相抵銷。

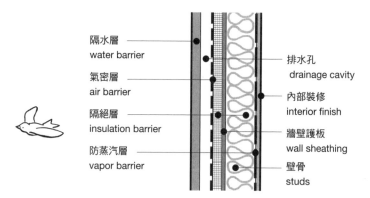

隔水層
water barrier

氣密層
air barrier

隔絕層
insulation barrier

防蒸汽層
vapor barrier

排水孔
drainage cavity

內部裝修
interior finish

牆壁護板
wall sheathing

壁骨
studs

木框鑲板牆
wood frame wall

The four eras of the wall

牆的四段變遷史

大質量時期（Great Mass Era）：從文明開端，到十九世紀晚期與二十世紀初，牆是由厚重的石塊、磚頭、原木、土坯與混凝土所組成的，這時期的牆能抵禦炎熱、寒冷、風吹、地震與侵入者，同時也能為建築提供基本的結構支撐。

帷幕牆時期（Curtain Wall Era）：隨著鐵、鋼、混凝土等建材在十九世紀晚期出現，外牆不再擔任承載重量的角色，而主要用於隔絕內部與外部空間。

隔絕期（Insulation Era）：1938 年，玻璃纖維的發明，使得十公分厚的牆能提供相當於六十公分厚的石牆或土坯牆所能提供的隔熱／隔冷效果。但若建築內出現越來越多的隔絕與封閉，空間的壓縮與空氣的品質便會成為問題。

特化分層期（Specialized Layer Era）：最尖端的建築牆系統，由四個分層組成：**隔水層**（防止降雨影響的鍍層或膜）；**氣密層**（防止室外空氣滲透的膜）；**隔絕層**（區隔建築內外溫度的構造）；以及**防蒸汽層**（防止室內濕氣滲入牆或天花板縫隙）。每個分層都應毫無間隙地包覆住建築。

建築的第一原則。

「若建築師為屋主建造房子，卻未將房子蓋得堅固，當房子崩塌、造成屋主死亡，那麼建築師該被處死。若死亡的是屋主的兒子，那麼建築師的兒子該被處死。若死亡的是屋主的奴隸，建築師應該賠償屋主損失的奴隸。如果崩塌使財物受損，建築師應該賠償所有損壞的財物，並自掏腰包重建屋主的房子。如果建築師正在建造房子，就算房子仍未完成，若牆壁看起來搖搖欲墜，那麼建築師也得自掏腰包把牆加固。」

——《漢摩拉比法典》
巴比倫的漢摩拉比王（西元前 1792–1750）

41

0.08公分厚的EPDM（一種橡膠材料）屋頂防水膜，裝設固定於屋頂。Carlisle SynTec 是值得信賴的製造商之一。

屋頂防水膜要能在二十年內隔絕所有外來物質。

規範指標
prescriptive specifications
提供產品或系統使用上的細節，包括材料、尺寸、安裝方法。

性能指標
perfomance specifications
確立所期望的性能，比方說強度、能力、穩定性，但不特別指示承包商如何實現。

Drawings explain only some things.

設計圖只能解釋部分事物。

不論工程設計圖多麼詳細，都只能傳達如何製造或建造的部分想法。工程師會準備
另外一份獨立、全面的文件，詳細說明設計的細節，這包含了**材料的細節 What**
（比方說混凝土與鋼筋的強度、可接受的扣鎖類型、線材使用規定）、**人員 Who**
（分包商的資格、可接受的零件製造商標準）、**時間表 When**（預定計畫表、工作
順序、檢查程序）、**地點 Where**（建設進行的地點）、以及**方法 How**（如何處理
材料、如何為工程收尾等）。

42

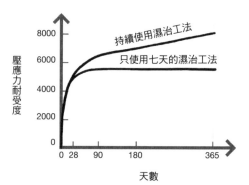

Concrete doesn't dry; it *cures*.

混凝土不是變乾，而是癒合。

混凝土的強度來自水泥與水的化學作用。在澆灌後，混凝土通常會保持濕潤一段時間（這又叫濕治工法〔moist-cured〕）以延長化學反應（使成品更加強固），並避免讓混凝土外側的乾燥速度快於內側（避免裂痕產生）。一般來說，混凝土建設的相關強度計算，都是以濕治二十八天後的強度為準。然而，若澆灌的混凝土量體極大，往往經過十年也無法達到最高強度。

43

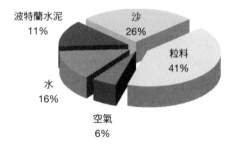

波特蘭水泥
11%

沙
26%

粒料
41%

水
16%

空氣
6%

普通混凝土的調配比例

Concrete and cement are different things.

混凝土與水泥是不同的東西。

水泥（cement）是具有黏合力與硬化特性的材料，主要取自石灰石（limestone）。混凝土（concrete）是由水泥、沙子、粒料（岩石或小卵石）、空氣跟水調和而成的。其他化學物質也可能加入混凝土，用來加速／減緩硬化，或讓混凝土變得更輕巧／更厚重，或增加混凝土對環境因素的阻抗性。

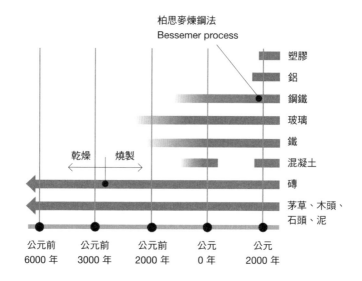

柏思麥煉鋼法
Bessemer process

塑膠

鋁

鋼鐵

玻璃

鐵

混凝土

乾燥　燒製

磚

茅草、木頭、
石頭、泥

公元前　　公元前　　公元前　　公元　　公元
6000 年　3000 年　2000 年　0 年　　2000 年

Concrete and steel are ancient, not modern, materials.

混凝土與鋼鐵是古代就有的材料，不是現代才有。

許多世紀以前，人們已知將少量的碳加入鐵中，製造強度更高的金屬。但大量鋼鐵的製造，要到 1850 年代柏思麥煉鋼法（Bessemer process）發明後才成為可能。羅馬帝國時期就已經在使用混凝土了，但隨著帝國崩解，混凝土的技術一度失傳，直到十八、十九世紀才又重新發展。

45

分割
將材料製成適當的形狀尺
寸，移除不必要的部分

灌模／鑄模
將融化／液態的材料放入
模中冷卻硬化

成形
材料以壓模
（成型金屬模）塑形

調節
材料的性質被熱、
壓力或化學物改變

組裝
將各個零件組合起來
（例如汽車外裝的生產線）

表面處理
藉由回火、鍍膜、修飾，
來保護或美化表面

二次加工

製造的三個階段

材料提煉：將樹木、穀物、原油、礦物等未加工原料分門別類採收。

初步加工：原料提煉後，加工成標準工業用形式：石灰石、砂石、以及頁岩烘乾後磨成粉狀，調配成水泥；釩土從鐵釩礦中提煉出來，鑄成鋁條；棉花清理後，移除種子並壓縮成捆；穀物被磨成麵粉。

二次加工：初步加工後的原料被做成可供消費者使用的產品。

實際狀況

	有瑕疵	無瑕疵
判斷為 有瑕疵	正確判斷	**第一型錯誤** 假陽性
判斷為 無瑕疵	**第二型錯誤** 假陰性	正確判斷

檢查者的判斷

More inspections and fewer inspections both produce more errors.

檢查過多或過少都會產生更多錯誤。

有時，檢查會淘汰良品，或沒有準確地辨識出瑕疵品。**假陽性**（false positive，誤將良品辨識為瑕疵品）除了替換產品的成本外沒有太嚴重的後果。但**假陰性**（false negative，誤將瑕疵品辨識為良品）則可能會有嚴重的後果，因為產品可能無法發揮應有的功用。

然而，更多的檢查不必然能解決問題。從統計學角度來說，無限的檢查將使幾乎每個產品都會被找出某些瑕疵。最理想的檢查頻率，能在不小心淘汰良品所造成的損失以及沒有測出真正瑕疵品所造成的後果間，達成平衡。

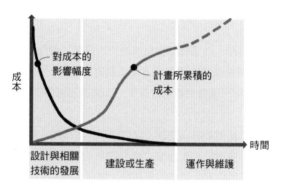

成本

對成本的
影響幅度

計畫所累積的
成本

時間

設計與相關
技術的發展

建設或生產

運作與維護

Early decisions have the greatest impact.

初期的決定造成的影響最大。

計畫進行初期（剛開始數日到數週）所做的決定或假設——針對用戶的需求、時間表的安排、甚或大樓設計圖的尺寸與形狀——對設計本身、可行性與成本都會造成深遠影響。隨著設計過程的進行，越後來提出的決定，其影響力亦會遞減。小幅度的成本節省，能在設計過程晚期所進行的「**價值工程**」（value engineering）中實現，但影響成本最多的因子仍埋藏在計畫一開始的架構中。

48

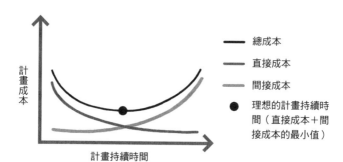

Working faster doesn't save money.

提升生產速度並不會省錢。

當生產程序加速，通常會預期間接成本減少——如運作成本、設備租金、保險、管理費用、水電費等。同時，**直接成本**（一般來說，如人事費、材料費、設備購買與運作費用等）則預期不變，因為所要完成的工作量還是相同的，與程序無關。

然而，生產程序加速實際上會產生更多混亂、錯誤、不合格產品、以及加班費，這些都會使成本增加。極長的工作時間也會讓整體成本上升，特別是間接成本。**理想的計畫持續時間，會盡可能讓間接成本與直接成本最小化。**

有時，因生產程序加速而增加的成本，是可被接受的。在高利潤的房產市場中，若建商希望能夠蓋一棟可立即出租的大樓，可能就會選擇**比較快的方式**，在大樓尚未完全完成設計前，便開始工程。這樣做便會使成本增加，並且像建築的許多部分——比方說地基與結構——也必須超量建造，以應對這種未完成的設計所可能會導致的最壞狀況。

49

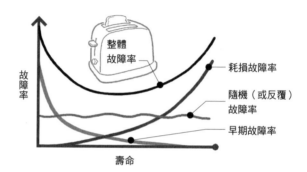

產品可靠性的變化，常呈現「浴缸曲線」

Perfect reliability isn't always desirable.

完美的可靠性並不總是值得追求。

可靠性（reliability）取決於產品或系統正常運作的持續時間。**可靠性指標**（target reliability）多以 0 到 1 之間的數值來表現。可靠性指標為 0，表示所有產品在這個時間點全都故障了。橋、太空船、心律調整器之類至關緊要的系統，其可靠性是 1，因為這些產品的故障可能造成生命損失。較便宜的產品如 DVD 播放器、玩具等，通常被設計為可靠性小於 1，因為這些產品的故障並不危急，而且追求產品的完美還可能導致成本上升。令人驚訝的是，有些太空船零件為了減少重量，可靠性指標可能會小於 1。為降低風險，便得靠經常地更換與檢查，以避免任何可能的故障。

故障可能來自不同原因，並在產品或系統不同階段的生命週期中發生，而一般情況下，「耗損故障率」會隨時間逐漸超過「早期故障率」。

50

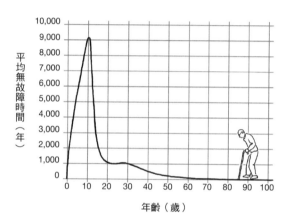

人類的平均無故障時間

Human time to failure is 1,000 years.

人類的平均無故障時間為一千年。

平均無故障時間（mean time before failure），是裝置或系統的預期故障率的倒數。一個二十五歲成年人的平均無故障時間為一千年，因為二十五歲的年均死亡（故障）率為千分之一，也就是說在這個年歲，平均每一千人會有一人死亡。當我們年紀增長並接近**壽命**終點，我們的平均無故障時間會減少。壽命跟故障率並沒有直接關聯。火箭被設計為有數百萬小時的平均無故障時間，因為故障的結果是災難性的。然而其實際壽命在太空船的發射任務中，往往只有數分鐘而已。

51

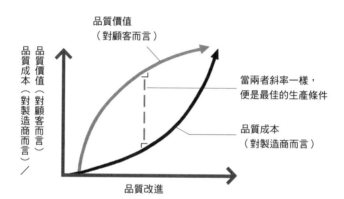

品質-成本曲線
quality-cost curve

Few customers will pay for a perfectly engineered product.

很少有消費者會願意付錢購買完美的產品。

相較於高品質產品,顧客會注意到、並願意花錢購買品質改進的低品質產品。低品質產品 10% 的進步,會創造比 10% 更多的「品質價值」(Value of Quality)——也就是使用者對品質的感受。然而隨著品質改進,其相應增加的價值會逐漸減少。如果 10% 的改進需要 10 美元的成本,20% 的改進成本則可能超過 20 美元。最終,品質改進所花費的成本,會遠多過消費者實際感受到的品質改進幅度。

理論上,「品質–成本」關係的最理想狀態,會在價值曲線與成本曲線的斜率相同時發生。在這個狀態下,產品的品質改進速度等同於製造商花費的成本。在這之後,製造商為每一丁點品質改進所花費的成本,會多過顧客感受到的品質改進。

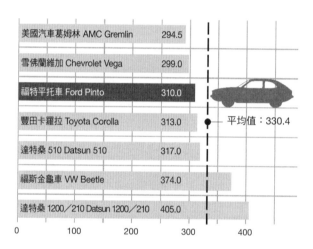

美國汽車葛姆林 AMC Gremlin	294.5
雪佛蘭維加 Chevrolet Vega	299.0
福特平托車 Ford Pinto	310.0
豐田卡羅拉 Toyota Corolla	313.0
達特桑 510 Datsun 510	317.0
福斯金龜車 VW Beetle	374.0
達特桑 1200／210 Datsun 1200／210	405.0

平均值：330.4

0   100   200   300   400

年均致死率（每百萬輛車，1975－1976）

The Ford Pinto wasn't unsafe.

福特平托車並不是不安全。

1960 年代,隨著小型外國車流入美國市場的風潮,福特汽車公司也加緊腳步,開發了平托車(Ford Pinto)。在發表後不久,平托車便被指控會在追撞事故中起火燃燒。超過五百起死亡案例歸咎於「油箱附近的後差速器有螺栓穿出」之類的設計瑕疵。

在過失致死的法律訴訟中,一份福特內部的文件浮出檯面,該文件顯示,其實每台車只需要十一美元就能進行油箱改良。然而,福特以一個人的生命二十萬美元的價值估算,認為為了傷亡案件付出賠償,仍比改良一千兩百五十萬輛車的花費少上許多。當時的法律標準有望使福特免於承擔賠償責任,因為那時法院認為,如果改良的成本不符利益,被告是沒有過失的。但陪審團最後判決福特須負全責,並命令福特公司賠償三百萬美金與一億兩千五百萬的懲罰性賠償(後來減少為三百五十萬美金)。

後來的研究發現,那個未被執行的十一美元改良,從來就沒打算用於解決追撞事故中的油箱故障。而福特也並沒有以二十萬美元估算人的生命。這個數字源自國家高速公路安全委員會(National Highway Traffic Safety Administration)。統計數據顯示,平托車整體的安全紀錄在當時仍在平均值,與它的登記上路率/事故死亡率吻合。

53

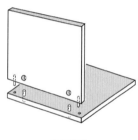

傢俱組裝

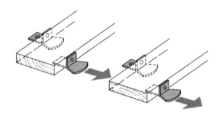

門廊木板的隱藏式扣件

Be careful when asking a part to do more than one thing.

當你要求一個零件執行多種功能時，必須小心。

讓一個零件有多種功能，能減少製造心力、材料與時間，似乎是值得追求的。這樣的做法是否可行，有賴於應用及使用上的技術與維護。後端的使用者越有經驗，或使用者的環境變因越少，則產品設計者會更傾向於仰賴單一零件的多功能性。但當該零件故障，結果可能是災難性的，因此讓各部分零件執行單一功能通常仍是比較好的選擇。

IKEA 傢俱常常使用一組五金來組裝傢俱部件、另一組則將它們固定。每組五金只有一種功用，這能避免在家組裝者的犯錯機會。

門廊木板的隱藏式扣件是擁有兩種功能的扣夾，但一次僅發揮一種功能。在木板的一側，它們被固定在木板下方的結構體中。另外一側，它們會扣在先前已安裝好的木板之下。如果不是設計成這樣、而是給你各具一種功能的兩種扣夾，組裝者可能很容易就組裝錯誤。

54

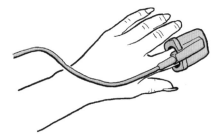

Design a part to fail.

設計一個「會故障」的部分。

保險絲或斷路器常被設計來保護電器。保險絲或斷路器會在電流急速上升前斷開，避免貴重的零件、或較難替換的線路損壞。

鋼筋大樓中，結構各部位的連結處可能會被設計成在遭遇地震時變形，以避免更大結構的災難性崩塌。比起重蓋大樓，修復這些連結處的花費便宜多了。

生物醫療器材也經常藉由較為鬆弛的連接方式來保護病患。用以偵測血液氧含量的血氧機，它與患者手指間鬆弛的連接便是經過設計的，這是為了避免有人被線路絆倒造成傷害。

扣住**捕龍蝦器**的扣夾，被設計成在一個漁季內就會損壞。當該器械遺失或被丟棄時，扣夾會比金屬網先損壞，讓器械形成平扁的金屬網面，這比起讓它維持原本的盒狀結構隱沒水中，日後對船的危險性會小上許多。

1 毫安培以下	刺痛感	
1–2 毫安培	不適感	（1000 毫安培＝1 安培）
5 毫安培	無危害電流的最大值	
15 毫安培	「讓行」電流*的最大值	
10–20 毫安培	「不可讓行」電流	

電擊值表

*譯註：讓行電流（"let-go" current），觸電後仍可能將身體移開，反之則為不可讓行電流（"can't let go" current）。

Keep one hand in your pocket.

將一隻手放在你的口袋裡。

如果你一隻手碰觸某物，另一隻手碰觸正在放電的電子設備，那麼電流可能會從你的手、經過心臟、再到你另外一隻手後導到地上。把一隻手放到口袋不會防止你觸電，但能使電流通過風險較低的路徑——經過手、手臂並經由最靠近的那隻腿來到地上。

56

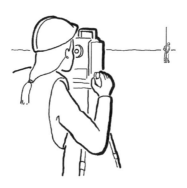

Keep one leg still.

保持一隻腳不動。

若要將勘測用三腳架調整至水平，首先將它放定位，調整成大致水平的狀態。接著
重複調整其中兩隻腳並保持第三隻不動，直到水平儀呈現絕對水平。

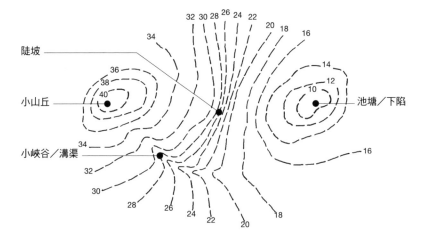

陡坡

小山丘

小峡谷／溝渠

池塘／下陷

32 30 28 26 24 22

20 18 16

34

36

38

40

14

12

10

34

32

30

28 26 24 22 20 18

16

How to read a topographic plan

如何讀懂地形圖

地形圖（topographic plan）藉由一連串的等高線描繪地景。每一條線都指示出一個固定的高度——可能是從海平面或其他參考點量測的高度。要讀懂地形圖有以下幾個要點：

· 斜坡方向與等高線垂直。雨水順著地勢流動，流動方向與等高線垂直，從高處流到低處。

· 等高線的分布越是密集，其地勢越陡峭。反之，等高線間隔越大的地方，地勢越平坦。

· 如果鄰近的湖泊流向某高度，湖泊輪廓的等高線會與該高度相符。

· 若在分辨山丘跟峽谷時有困難，試想你在山丘或峽谷的邊緣，而你正試圖穿過這個地方，藉由等高線的數值，來決定你是在上升或是下降。

實際狀況　　　　　　　　　　　　　計畫

Balance cut and fill.

平衡挖空與填補。

在為工地現場設定工作計畫時，可讓移除（**挖空**）的土壤與增加（**填補**）的量相等。這能簡化推土與整地的過程，並讓土壤移入或移出工地的開銷最小化。

59

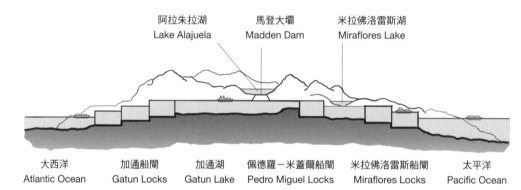

阿拉朱拉湖
Lake Alajuela

馬登大壩
Madden Dam

米拉佛洛雷斯湖
Miraflores Lake

大西洋
Atlantic Ocean

加通船閘
Gatun Locks

加通湖
Gatun Lake

佩德羅－米蓋爾船閘
Pedro Miguel Locks

米拉佛洛雷斯船閘
Miraflores Locks

太平洋
Pacific Ocean

巴拿馬運河東北向剖面圖

Work with the natural order.

順著自然規律而行。

每一艘經過巴拿馬運河（Panama Canal）的船會從海平面被舉起 26 公尺，再被降下 26 公尺後進入另一端海域。完成這項了不起的成就不需要任何幫浦。重力會將數百萬加侖的水從山湖送到船閘。只要降雨重新注滿山湖，船閘便能持續發揮功用。

 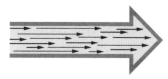

擾流 turbulent flow

粒子的運動途徑不規律，
通常在高流速的大管徑中發生

層流 laminar flow

粒子呈直線運動，
通常在低流速的小管徑中發生

流體的兩種流動方式

Air is a fluid.

空氣是一種流體。

流體（fluid）指的是無固定形狀的物質，易受外部壓力影響或隨容器改變形狀。這包含了所有的氣體與液體。

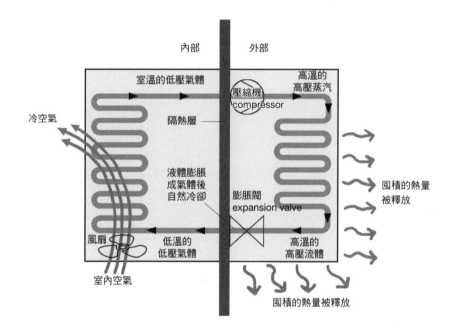

內部 　 外部

室溫的低壓氣體　　　高溫的高壓蒸汽

壓縮機 compressor

冷空氣

隔熱層

液體膨脹成氣體後自然冷卻

膨脹閥 expansion valve

囤積的熱量被釋放

風扇

低溫的低壓氣體　　　高溫的高壓流體

室內空氣

囤積的熱量被釋放

空調系統

Heat cannot be destroyed, and cold cannot be created.

熱不能被摧毀，冷不能被創造。

空調不會創造冷；空調只是將熱從室內移到室外。空調利用了自然規律來達成功能：物質從液態轉為氣態時吸熱，從氣態轉為液態時放熱。中央空調、窗式空調、冰箱都以相同的原理發揮功用，差別只在於規模而已。概念上來說，熱泵（heat pump）的作用原理與空調正好相反，熱泵將室外空氣的熱移入室內。

62

傳導 conduction

熱藉由直接的物質接觸傳遞

對流 convection

熱藉由流體的流動傳遞
（可能是空氣或液體）

輻射 radiation

能量在空間中直接傳遞

A radiator doesn't just radiate.

電熱器不只放出熱輻射而已。

熱即是物質內部分子的運動。分子的運動速率越高,熱能越高。熱能藉由以下幾種方式傳遞。

傳導(conduction):當兩個溫度不同的物體相互接觸時,或同一物體的兩個部分有不同溫度時,較暖處的活躍分子會擾動較冷處的分子,直到所有的分子以同樣的速率運動(溫度平衡)。

對流(convection):在氣體或液體中,較暖處的分子會自然地向較冷處的分子移動、並平均地散開,把熱能傳遞過去。電熱器除了輻射之外,也會以對流使房間變暖。

輻射(radiation):輻射是穿過空間的電磁波,來自太陽的光波便是電磁波的一種。電磁波為接觸到的分子提供能量,使分子的運動速率提升,並藉此將電磁能轉換為熱能。所有的物質都會釋放熱輻射;但絕大多數的熱輻射都微弱得難以察覺。

63

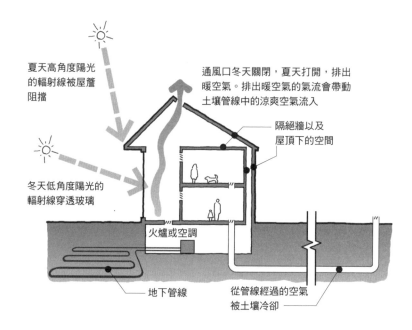

夏天高角度陽光的輻射線被屋簷阻擋

通風口冬天關閉,夏天打開,排出暖空氣。排出暖空氣的氣流會帶動土壤管線中的涼爽空氣流入

隔絕牆以及屋頂下的空間

冬天低角度陽光的輻射線穿透玻璃

火爐或空調

地下管線

從管線經過的空氣被土壤冷卻

取之土壤的加熱／冷卻系統,以雙層房屋為例

The most reliable source of heating and cooling is the earth.

土壤是最可靠的加熱與冷卻系統。

僅僅只是地下數呎，溫度便比地上的氣溫更加宜人——冬暖夏涼。如同空調將熱氣從建築物內轉移到外面、或熱泵將熱氣從室外轉移到室內一樣，熱能會在土壤與室內空間之間移動。熱水或冷水藉由在地下管線循環，就能以接近土壤的溫度回到建築物內部。

1. 來自冬陽的輻射
   能碰到牆後轉換
   為熱能　　　　　2. 熱由牆傳導

3. 晚上，從牆傳出的熱輻射
   會調節室內溫度

草

石牆或混凝土牆

如果牆太過單薄，會因為太快達
到熱平衡，而無法將居住空間調
節成需要的溫度

熱儲存牆

Available solar energy is 50,000 times our energy need.

可利用的太陽能，是我們所需能量的五萬倍。

在一個受到充分日曬的地方，每小時每平方英呎的地表面積能獲得至少 100 瓦特的能量。美國的多數地區能接收到等同於四小時充分日曬的能量，這等於每年 1.5 兆太瓦時（TWh）的能量，是每年美國所需能量的好幾倍（約 28,000 太瓦時）。

然而，今日的太陽能電池只能夠捕捉大約 20% 的太陽能，理論值的極限也僅僅只有 33%。再加上能夠裝上太陽能板的適當地點有限，目前仍然很難透過太陽能來滿足我們的能量需求。目前來說，美國至少需要一整個印第安納州面積的太陽能板才算足夠。如果世界各國使用能源的速率和美國相當，那麼需要一整個委內瑞拉面積的太陽能板才夠用。

65

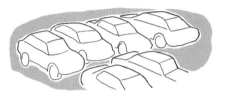

彌補不透水（硬）地表所造成的環境衝擊

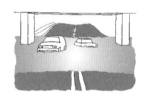

避免形成湍急徑流，以減少侵蝕

減少排水系統的負擔

支持野生動物

減少開發對環境美感造成的衝擊

滯洪池的好處

The environmental engineering paradigm shift

環境工程思維的典範轉移。

責任在所有利益相關者身上，而非資金提供者。在每個工程計劃中，所有生物以及
自然環境的每個層面，都是利益相關者。

66

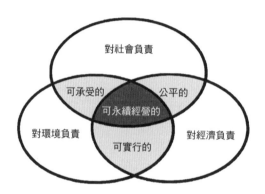

改自約翰・愛丁頓《拿叉子的食人族》
Cannibals with Forks by John Elkington

Ten Commandments for Environmental Engineers

環境工程師的十條戒律

1. 找到並提倡可永續經營的資源使用方式，並平衡社會、經濟與環境的責任。
2. 提供安全、甘甜可口的飲用水。
3. 對於廢水的收集、處理、排放負起全責。
4. 對於人為廢棄物的收集、處理、排放負起全責，以防治疾病、火災與環境髒亂。
5. 對於有害物質的收集、處理、排放負起全責，以防止對人、動植物造成危害。
6. 控制、處理空氣汙染，減少酸雨發生、臭氧層破壞與全球暖化。
7. 設計生物反應器，以有機廢棄物來製造生質能源與產生電力。
8. 以物理、化學、生物的機轉來處理受汙染地。
9. 支持並嚴格執行汙染物處理的相關法條。
10. 研究化學汙染物在環境中的傳輸與去處。

——凡卡塔拉馬那・噶漢什蒂

（Venkataramana Gadhamshetty）

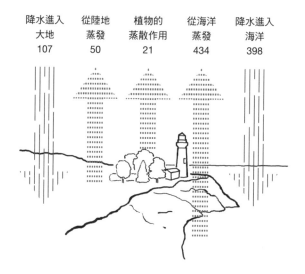

| 降水進入
大地
107 | 從陸地
蒸發
50 | 植物的
蒸散作用
21 | 從海洋
蒸發
434 | 降水進入
海洋
398 |

全球每年每一千立方公里中的水移動量估算

Water is constant.

水是恆常存在的。

水連續不斷地在地底、地面以及天空之間移動。個別的水分子來來去去（或快或慢），但水的總量大抵上是不變的。

儲存處	平均滯留時間
大氣	九天
土壤	一到兩個月
季節性降雪	兩個月到半年
河流	兩個月到半年
冰河	二十到一百年
湖	五十到一百年
表層地下水	一百到兩百年
深層地下水	一萬年
兩極冰帽	一萬到一百萬年

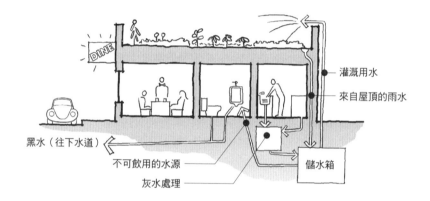

灌溉用水

來自屋頂的雨水

黑水（往下水道）

不可飲用的水源

灰水處理

儲水箱

水的回收利用

水的回收利用

黑水（black water）是接觸過糞便的水體，未經徹底處理不適合再使用。通常需經由市鎮的汙水處理系統處理。

灰水（gray water）是來自於盥洗、烹飪、清潔，而並未接觸過糞便的廢水。灰水並不適合飲用，但稍加處理便適合用在廁所沖水或植物灌溉。

白水（white water）是可以被飲用的水，來自於泉水等自然來源，或被市政級的汙水處理系統處理過的水體。

雨水（rainwater）來自戶外屋頂等表面，可能含有來自鳥類或化學物的汙染源，但通常可以被回收並用於廁所沖水、冷卻系統、植物灌溉，有時可作為家畜飲水。

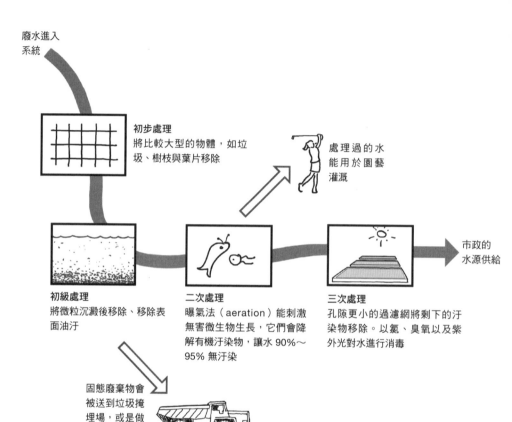

廢水進入
系統

初步處理
將比較大型的物體,如垃
圾、樹枝與葉片移除

處理過的水
能用於園藝
灌溉

市政的
水源供給

初級處理
將微粒沉澱後移除、移除表
面油汙

二次處理
曝氣法(aeration)能刺激
無害微生物生長,它們會降
解有機汙染物,讓水 90%~
95% 無汙染

三次處理
孔隙更小的過濾網將剩下的汙
染物移除。以氯、臭氧以及紫
外光對水進行消毒

固態廢棄物會
被送到垃圾掩
埋場,或是做
成肥料

Wastewater treatment imitates nature.

以仿效自然的方式處理廢水。

廢水處理廠用來處理廢水的複雜系統，即是自然淨水系統的加速版：

· 沉澱池（settlement basins）近似於湖泊。
· 過濾層（filtration）近似於沉澱到地下水位前的地層。
· 曝氣系統（aeration）近似於河流。
· 紫外線處理（UV treatment）近似於太陽照射。

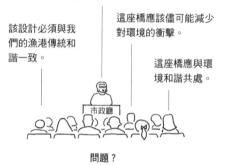

我們的社區需要
搭一座橋。

該設計必須與我
們的漁港傳統和
諧一致。

這座橋應該儘可能減少
對環境的衝擊。

這座橋應與環
境和諧共處。

市政廳

問題？

解決方案

Don't presume the solution.

不要假定解決之道。

設計者在進入到產品設計的階段時，便已對問題的根本、其導致原因、以及可行的解決方法做了許多假設。一個有智慧的設計者會用倒吃甘蔗的方式思考，先調查問題的成因，以及造成問題成因的成因，以及這些成因的成因。這可能會帶來與末端用戶期待截然不同的可能性，但這最能有效滿足真正的需求。

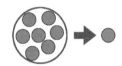

適當的演繹

特定的具體結論能從一般性
的事實中以邏輯推導出來

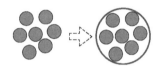

適當的歸納

由許多特定的具體事例或
現象所推導出的通則，但
不保證這個通則一定正確

不適當的歸納

基於有限的資料，對它們
的相似性做出通則化的概
括與宣稱

Think systematically.

系統性地思考。

不要太早因為一個有成效的分析而沾沾自喜。請一致且全面地思考問題的所有可能尺度與面向，從概念到細節，反覆不斷。

72

伊姆斯模塑合板椅
Eames molded plywood chair

"We looked at the program and divided it into the essential elements……"

——CHARLES EAMES

「我們綜觀整個設計，將其細分成一百多個基本要素，後來粹選出三十多個。我們有條理地對一百多個要素進行個別研究。在大量研究後，我們試著為粹選出的適用要素想設計方案……我們分析這些要素所有可能的組合邏輯，並儘可能不去抑制每個粹選要素的特性；我們尋找這些要素所有可能的組合邏輯，反覆不斷……程序就這樣繼續下去。在設計的最後關頭——我們哭了，成品看起來簡單到近乎愚蠢，我們覺得我們大概搞砸了。然後（我們）贏得了比賽。」

——查爾斯・伊姆斯，傢俱設計師

節錄自拉爾夫・卡普蘭《設計》（*By Design* by Ralph Caplan）

73

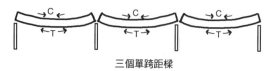

三個單跨距樑

C：壓縮
T：張力

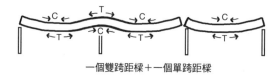

一個雙跨距樑＋一個單跨距樑

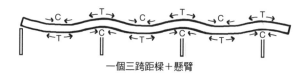

一個三跨距樑＋懸臂

三種不同的結構安排下，鋼樑的壓縮與張拉情形

Think *systemically*.

像系統一樣思考。

系統必須被視為一個整體來分析,然而分析整體並不是分析部分的加總。部分的表現取決於它與所在系統間的關係;而系統如何表現則取決於系統內的關係網絡,以及系統與其他系統間的關係。

「系統性地思考」意味著一致而徹底地採用某種特定的思考方法。「像系統一樣思考」則意味著對系統及其相關連結進行思考——系統內的關係網絡、系統間的關係以及那個包含了所有系統的巨大系統。

74

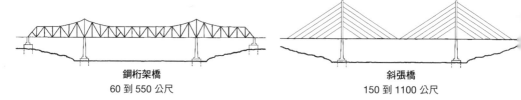

鋼桁架橋
60 到 550 公尺

斜張橋
150 到 1100 公尺

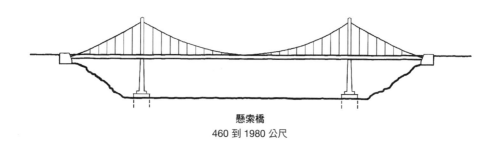

懸索橋
460 到 1980 公尺

理想的主跨長度模擬圖

A successful system won't necessarily work at a different scale.

一個成功的系統不必然在任何尺度下都能發揮功用。

設想一組工程團隊想要製造一匹比一般馬大上兩倍的「超級馬」。當他們製造了這匹超級馬,他們發現這是一匹充滿問題、沒有效率的動物。除了比一般馬高上兩倍之外,它也比一般馬寬上兩倍、長上兩倍,使得超級馬的重量是一般馬的八倍,然而牠的靜脈與動脈的橫切面只有一般馬的四倍大,使得他的心臟必須以一般馬兩倍的速度跳動。超級馬的腳的面積是一般馬的四倍,但每隻腳必須承受的單位面積受力為一般馬的兩倍。最終,這匹虛弱多病的動物只能迎來安樂死一途。

──節錄自羅伯特・波爾爵士〈其他世界的生命可能〉

(*The Possibility of Life in Other Worlds* by Sir Robert Ball)

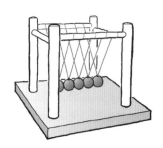

決定論式系統
deterministic system

結果可由已知的定律與關聯來預測

隨機式／概率式系統
stochastic／probabilistic system

結果由偶然性或未知的關聯來決定

The behavior of simple systems and complex systems can be predicted. In-between systems: not so much.

系統無論簡單或複雜，都是能被預測的；介於簡單與複雜之間的系統則未必如此。

撞球檯上一顆受單一力量作用的撞球，它的運動軌跡能被準確地量測或預測。兩顆撞球的運動軌跡的量測或預測會稍有難度，但仍然能夠達成。隨著系統中的物體數量增加，五顆、十顆、一百顆，追蹤與預測每一顆球的軌跡會變得十分困難，甚至不可能。

但在後期，可預測性會以不同的形式，重新進入預測模型。要預測一張極大撞球檯上數百萬顆球每一顆的運動軌跡，仍然是困難甚至是不可能的。但我們仍可預測出許多一般模式，比方說撞球之間相撞的頻率、一秒內有多少顆球會撞擊到桌邊、或一顆球在撞擊到另一顆之前平均會運動多少距離。

——珍・雅可柏《美國偉大城市的死與生》

(*The Death and Life of Great American Cities* by Jane Jacobs)

76

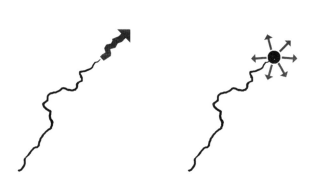

Stop a crack by rounding it off.

將銳角磨圓, 以阻止裂縫擴大。

物體上的裂縫, 會依著裂縫末端的銳角, 逐漸擴大。在末端的銳角上鑽洞, 讓它不那麼尖, 能將壓力分配給更多方向與更多面積, 阻止裂縫繼續增長。

將建築、機器零件、傢俱, 甚至是船窗或飛機窗的尖角磨圓, 都能夠獲得類似的好處。一個磨圓的窗角能將壓力分散到各個方向, 而有尖角的窗戶只會將壓力定向於一點──而這也是在設計「薄殼結構」（thin shell structure）時的考量重點。

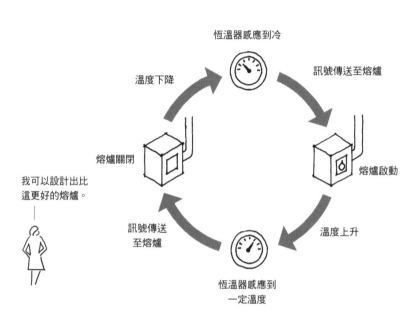

恆溫器感應到冷

訊號傳送至熔爐

溫度下降

熔爐關閉

熔爐啟動

我可以設計出比
這更好的熔爐。

訊號傳送
至熔爐

溫度上升

恆溫器感應到
一定溫度

負向回饋
negative feedback

Seek negative feedback.

尋找負向回饋。

在**負向回饋**（negative feedback）循環中，系統的反應方向與刺激方向相反，而達到系統整體的穩定性或平衡。比方說，一個物種的數量增長會造成食物來源過度消耗，而導致物種數量下降；而物種數量下降又使得可取得的食物來源增加；這又會再度使得物種數量增加，如此反覆直到理論上的平衡被達成。

在**正向回饋**（positive feedback）循環中，系統的反應方向與刺激方向相同。這會使得系統離平衡狀態越來越遠。比方說，一個外來物種搶奪本土物種的食物來源；這讓本土物種退居邊陲地帶；而這又使得外來物種能進一步擴張地盤，讓本土物種更加退讓生存空間。

許多工程系統仰賴負向回饋。在某些例子中，例如系統需要動量（momentum）*，設計上可能就會尋求正向回饋。

＊ 譯註：古典力學裡，動量被量化為物體的質量和速度的乘積。

78

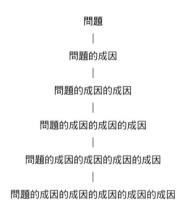

問題
|
問題的成因
|
問題的成因的成因
|
問題的成因的成因的成因
|
問題的成因的成因的成因的成因
|
問題的成因的成因的成因的成因的成因

Enlarge the problem space.

拓展問題的維度。

幾乎所有問題都比一開始看起來的還要龐大。把這點放在心上,並在一開始就拓展問題的維度——你不用多做什麼,因為問題的各個面向幾乎都會自動向外開展。比起從解法有限的狹小維度起頭,而後再來拓展維度,不如一開始就拓展維度,而後再來縮小範圍。

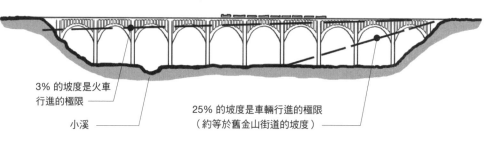

3% 的坡度是火車
行進的極限

小溪

25% 的坡度是車輛行進的極限
（約等於舊金山街道的坡度）

塔漢諾克高架橋
Tunkhannock Viaduct

The Tunkhannock Viaduct

塔漢諾克高架橋

德拉瓦、拉克瓦納西部鐵路公司（Delaware, Lackawanna & Western Railroad）希望能以較為平直的鐵路，取代賓州蘇克頓（Scranton）到紐約賓罕頓（Binghamton）之間的複雜路線。計畫中「克拉克・薩米特–霍史戴德捷徑」（Clarks Summit-Hallstead Cutoff）的關隘在於，必須橫越 23 公尺寬、位於賓州尼可森（Nicholson）的塔漢諾克溪谷（Tunkhannock Creek）。由於溪谷的坡度對於火車的爬升來說太過陡峭，穿越它需要一座 724 公尺長、73 公尺寬的橋。

工程開始於 1912 年，落成於 1915 年。十三個橋墩被打入岩床，最深的橋墩甚至有地下十二層樓深。整個計畫使用了 1,140 噸的鋼鐵與 167,000 立方碼的混凝土，足夠在一個美式足球場上蓋上七層樓高的大方塊。這座高架橋曾是世上最大的混凝土結構，紀錄保持至少半個世紀之久。這座橋至今仍被使用著。

80

化學家
chemists

探索化學的交互作用及效果。
創造新的溶劑、聚合物、藥劑

化學工程師
chemical engineers

將化學實驗室裡的發現，
轉換成大規模的工業製程

Almost everything is a chemical, and almost every chemical is dangerous.

幾乎所有東西都是某種化學物質，而幾乎所有化學物質都是危險的。

對化學工程師來說，化學物質的作用範圍十分有限：濃度過低，化學物質便無法用於工業生產，濃度過高，則會有毒性並難以控制。水也是化學物質之一，而大量的水也有危險性。攝取過多的水分會改變身體的化學平衡：耗盡電解質、危及器官的正常運作並導致死亡。

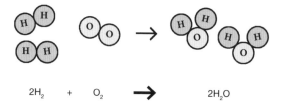

$$2H_2 \quad + \quad O_2 \quad \longrightarrow \quad 2H_2O$$

平衡氫原子與氧原子的數量，便生成了水。

A chemical equation isn't exactly an equation.

化學式並不完全是等式。

化學式並不是像數學等式那樣表達相等關係，它表達的是化學反應的方向跟結果。當反應物被放在一起，他們會進行交互作用並形成新的生成物（化合物）：

反應物＋反應物→生成物

在化學式裡，加號代表「與……反應」，而箭頭代表「產出」。然而，等式的成立，建立在等式中沒有原子憑空產生或消滅。所有的原子在反應前後的總量都是固定的，即便這些原子重組為新的分子。

82

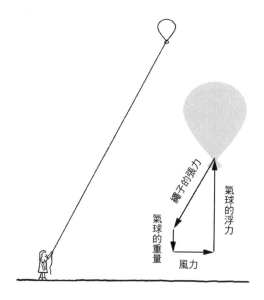

繩子的張力

氣球的浮力

氣球的重量

風力

當物體處於靜力平衡，所有作用其上的力總和為零。
這些作用力的向量將形成一個封閉的多邊形。

Equilibrium is a dynamic, not static, state.

平衡是一個動態而非靜止的狀態。

當兩種化學物質接觸並反應，化學反應似乎在平衡達到後便停止了。一部分的化學物質會結合形成新的化學物質，另一部分的化學物質則看似沒有變化。但即便是在平衡的狀態下，各種反應仍在活躍地進行中：一部分的生成物會逆反應變回反應物，而其他的反應物則結合形成新的生成物。然而，整體的交互反應的速率是平衡的。因此，整體來說，系統並沒有發生改變。

結構平衡也是動態的。結構中的構件看似靜止不動，卻在靜默中不斷地平衡各個施加其上的力，使得整體受力為零，達到靜力平衡。若整體受力不為零，物體便會加速、減速、或改變運動方向。

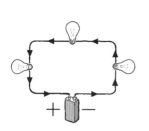

串聯電路
series circuit

並聯電路
parallel circuit

保險絲與並聯電路
「串聯」

An electric current works only if it can return to its source.

電流唯有在能返回其來源時，才能發揮功用。

串聯電路（series electrical circuit）以單一迴路穿過每個裝置並接回電流來源。上頭的每個裝置都平分了電壓；燈泡的數量越多，每顆燈泡的亮度便越低。若其中一個燈泡燒壞了，那麼電流的流動將被阻斷，所有燈泡都會熄滅。

在並聯電路（parallel electrical circuit）中，上頭的每個裝置皆能直接接受來自電源的電流，途中不會流經其他裝置。電路各處的電壓都是一樣的，燈泡的數量不會影響燈泡的亮度。如果其中一顆燒壞了，其他燈泡不會受到影響。

由於串聯電路的先天限制，城市與建築內的電力輸送採用並聯電路。不過，並聯電路會與保險絲或斷路器「串聯」。當保險絲因電力超載而燒斷，它便如同串流電路中燒壞的燈泡那樣阻斷了電流，讓電路裡的其他裝置免於損壞。

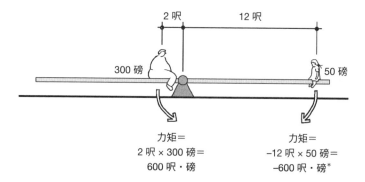

力矩＝
2 呎 × 300 磅＝
600 呎・磅

力矩＝
−12 呎 × 50 磅＝
−600 呎・磅*

＊ 譯註：力矩中以正負號表示力的不同作用方向。

A seesaw works by balancing moments.

蹺蹺板即是力矩平衡遊戲。

力矩（moment）被用來量測以定點為基準的物體轉動傾向，以如下等式表示：

力矩＝力 × 力臂（力與支點的垂直距離）

無論力從何處施加，力矩需要一個固定的點來使物體轉動。比方說，一扇門能在離門軸一定距離處以一定力量打開，也能在離門軸二分之一距離處以兩倍力量打開，或在離門軸四分之一距離處以四倍力量打開。在這幾個例子中，力乘以距離的數值都是相同的。

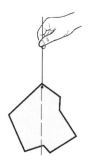

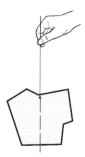

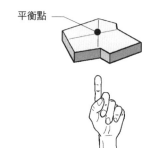

平衡點

1. 從一個點將物體懸
吊，並從這個點畫一條
垂直於地面的線

2. 從另外一個點再畫一
條垂直於地面的線

3. 兩條線的交點便是能
使物體平衡其上的點

如何找出不規則板片的質心

Center of gravity

重心

物體的重心是物體組成粒子的平均分布位置——能讓物體平衡的點。對一個密度均勻、處在均勻重力場的物體來說,物體的**形心**(centroid,又稱幾何中心〔geometric center〕)、**重心**(center of gravity)跟**質心**(center of mass,質量中心,重力作用的平均位置)都是同一個點。

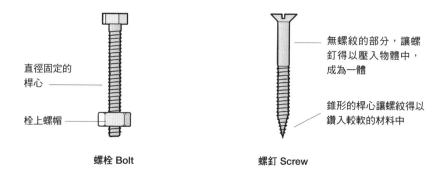

直徑固定的
桿心

栓上螺帽

螺栓 Bolt

無螺紋的部分，讓螺
釘得以壓入物體中，
成為一體

錐形的桿心讓螺紋得以
鑽入較軟的材料中

螺釘 Screw

It's a *column*, not a *support column*.

那是柱子，而不是支撐柱。

鋼樑就是鋼樑，而不是支撐鋼樑；它本來就會提供支撐。柱子（column）與鋼樑（beam）是不同的東西：柱子垂直於地面，而鋼樑則是水平的。一根柱子通常是由鋼鐵、混凝土或石材製成，若是由木材製成稱為椿（post）。核子工程師不叫 nucular engineers 而是 nuclear engineers。磚牆不叫 masonary wall 而是 masonry wall。支撐地基的基腳不叫 footer 而是 footing。在廚房的水槽叫流理臺（sink），在廁所的水槽叫洗手台（lavatory）。螺栓（bolt）跟螺釘（screw）不同；另外從一般標準來看，機械牙螺釘（machine screw）這個名稱其實很誤導人，因為比起「螺釘」它更像是「螺栓」。鋼不是純金屬而是合金；不鏽鋼不是完全不生鏽，只是較不易生鏽。熱水器就是讓水變熱，已經是熱水的水則不需再加熱。

Articulate the *why*, not just the *what*.

清楚說明「為什麼」，而不只是「要做什麼」。

當你將一個概念傳達給其他設計師、以繼續發展設計構想時，讓每一個決定背後的理由都能被知曉，無論是技術上的、人體工學上的、個人因素上的，或是其他。藉由闡明你的意圖，你能讓他們瞭解並保留計畫中最關鍵的目標，同時給了他們探索你未曾想過的可能性的空間。

同樣，當一個設計師請求你的幫助時，請他／她解釋先前各個決定的理由，以及他／她的目標。這樣就算你的回答不是對方預期的，也不會讓這場討論演變到令人失望的地步。

88

1887年，福斯灣鐵路橋（Firth of Forth Rail Bridge）的工程師約翰·佛勒
（John Fowler）、渡邊嘉一（Kaichi Watanabe）與班傑明·貝克（Benjamin
Baker），「示範」了該橋的結構系統。

All engineers calculate. Good engineers communicate.

所有的工程師都會計算。而好的工程師會溝通。

科學概念、分析技術與數學計算等解決工程問題的方法都已發展了數百年。在早期，工程師有一套奠基於數學、化學、物理學的共同語言，這使得世界各地的工程師能有效率地瞭解彼此工程上的突破與發展。

隨著更多工程專業領域的出現，工程師「對話」的需求也變得更迫切。現在的工程師不但需要注意領域內高度專業化的術語與概念，同樣地，工程師必須要能夠將這些專業術語轉換成能被客戶、使用者及其他工程師瞭解的日常語言。

89

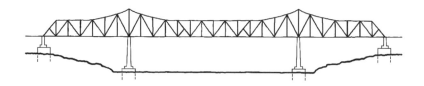

常見的雙懸臂桁架橋

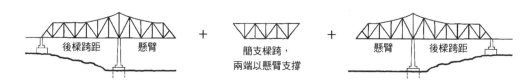

後樑跨距　　懸臂　　＋　　簡支樑跨，　　＋　　懸臂　　後樑跨距
　　　　　　　　　　　　　兩端以懸臂支撐

雙懸臂桁架橋的結構運作原理

How to read, but not necessarily name, a cantilever bridge

不必為橋種煩惱，也能看懂懸臂橋

多數大橋——包括斜張橋、懸索橋、鋼桁架橋、以及一些混凝土拱橋——是以懸臂法（cantilever method）建成的。混凝土橋墩（或塔橋的塔）被固定在河床或河谷中，大橋的構件便會以此逐漸朝相對的兩端延伸（懸吊）。這讓施工期間的受力是平衡的，讓工事可以從已蓋好的部分，蓋向尚未蓋出的樑跨。最終，兩岸橋墩／塔延伸出的懸臂在中央相會，並各自朝著河岸兩端延伸。

完成後，斜張橋、懸索橋與混凝土拱橋，並不會以懸臂系統的方式運作，它們有各自的運作系統（斜拉索、懸索、拱），以此歸類。但以懸臂法建造的鋼桁架橋，通常會以懸臂系統的方式運作，並固定被歸類為懸臂橋；不過奇怪的是，有些以懸臂法建造但不以懸臂系統的方式運作的鋼桁架橋，也都固定被歸類為懸臂橋。

90

畫家

音樂家

技術
寫作人員　　作家

時尚　　　英語教師
設計師

程式設計師　　神職人員

工程師　　化學教師

機械師　　銀行家　　商人　　諮商師

Random hypothesis #2

隨機假說 #2

這世界上有三種人:語言人、交際人與物件人。語言人透過書寫、言說與符號溝通,找出與世界之間的有意義連結。交際人追求與其他人或與人為有關的共感連結。物件人主要透過與物質之間的關係來感受世界。但物件人並不僅僅「喜歡」物件;他們從所關注的物件出發,以物件的視角理解世界。

91

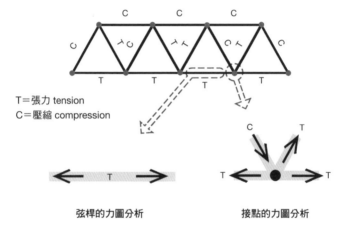

T＝張力 tension
C＝壓縮 compression

弦桿的力圖分析　　　　　　接點的力圖分析

Now you're the chord. Next you'll be the joint.

現在，你是弦桿。接著，你是接點。

當你試著分析一個複雜問題時，將你的視角從一個外在觀察者，轉換成你所正在分析的物件。想想如果你是該物件，你會感受到什麼方向、大小的作用力？你可能經歷到什麼樣的內部壓力？為了保持穩定，不扭轉、不轉向、不變形、不被推開、不被加速，你會如何反應？

桁架的結構分析，需要不斷地在弦桿跟接點間改變視角。如果沒有這麼做，你可能會將受力的方向搞錯。比方說，如果一個弦桿受張力作用，我們可能會預期它的受力方向會朝外。然而該弦桿的接點，受力方向卻是相反的——其受力指向弦桿本身。這是因為張力會張拉桁架系統中的所有構件、以及構件中的零件。每個構件及零件，都從自身的視角經歷了張力。

滿足感 = $\dfrac{你得到的回饋}{你的付出}$

活動帶來的滿足感

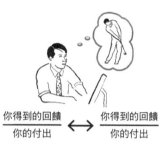

$\dfrac{你得到的回饋}{你的付出}$ ⟷ $\dfrac{你得到的回饋}{你的付出}$

活動間的比較

$\dfrac{你得到的回饋}{你的付出}$ ⟷ $\dfrac{同儕得到的回饋}{同儕的付出}$

情境間的比較

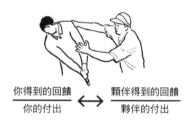

$\dfrac{你得到的回饋}{你的付出}$ ⟷ $\dfrac{顆伴得到的回饋}{夥伴的付出}$

關係中的比較

The engineering of satisfaction

滿足的工程學

人從活動中得到的滿足感,概念上可以被量化為回饋╱付出的比例。回饋未必要超過付出才會讓人認為這是值得的。以自己的情況與其他可能情況、或與同儕情況的良性比較,才是重要的決定因素。當人們覺得得到公允的回饋──當他們的回饋╱付出比例至少與他們的同儕相當時──那麼他們會感到更有動力。當人們覺得他們並沒有得到應有的回饋時,他們就有可能失去對活動的興趣、動機變弱、甚至是厭惡這項活動。然而,當人們得到過多的回饋,他們則可能會有罪惡感。

在人與人的關係裡,夥伴之間的付出與回饋可能不是等值的,但若兩人經驗到的回饋╱付出比例是相同的,則他們的滿足感可能是相等的。

93

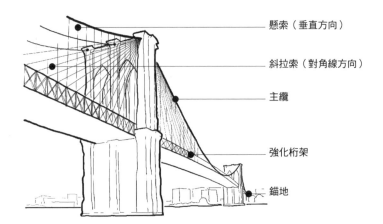

懸索（垂直方向）

斜拉索（對角線方向）

主纜

強化桁架

錨地

Engineering events are human events.

工程事件是關於人的事件。

作為美國獨創性與樂觀主義的象徵、備受喜愛的布魯克林大橋（Brooklyn Bridge），其實有著充滿凶兆的開端。工程師約翰・奧古斯塔斯・羅布林（John Augustus Roebling）在做場勘時，腳被渡輪壓碎了。在截去幾隻腳趾並因破傷風而瀕臨死亡時，他指派三十二歲的兒子華盛頓（Washington）接手整個計畫。不到三年，華盛頓在坑道中就因為太快離開增壓艙而生了場大病。在近乎癱瘓的情況下，他被困在自家公寓十一年。他的妻子艾蜜莉（Emily）接手監督這項計劃直到建設完成。

1883 年 5 月，在將近二十四名工人死亡後，世界最長的懸索橋、同時也是第一座使用鋼索的懸索橋正式對外開放了。華盛頓・羅布林仍然無法參加開幕式。開幕式最後由愛蜜莉領隊，帶領 1,800 輛汽車與 150,000 位行人首度穿越大橋。

有些紐約客對橋的堅固程度感到懷疑。不只是因為布魯克林大橋至少是以前懸索橋的一點五倍長，也是因為後來發現，在建築過程中，鋼索的承包商提供的是次級品。當時，羅布林額外裝了兩百五十條鋼索，以對角線的方向延伸，連結塔與橋面。這讓橋變成懸索橋與斜拉橋的混合構造，並給了大橋優雅、如蛛網的外觀。但紐約客的疑慮仍在。在開幕後幾天，一位橋上的女人突然尖叫，讓數百人在緊張中相互踩踏。在這起踩踏意外中，十二人身亡。

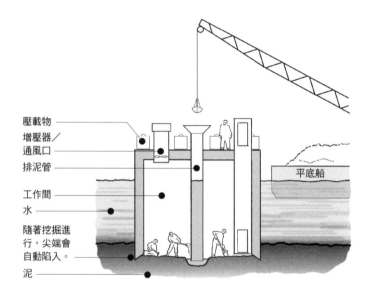

壓載物

增壓器／

通風口

排泥管

工作間

水

隨著挖掘進
行，尖端會
自動陷入。

泥

平底船

造橋工事，沉箱（caisson）剖面圖

There's design besides the design.

在設計之外的設計。

若一個產品的生產流程是不切實際或不節約的,那麼這樣的設計稱不上是好設計。若沒有設計出相應的能源補給設施、並廣泛設置在各地,那麼精心構想的替代能源汽車不可能成功上路。若一個能巧妙解決營建問題的設計,卻未考慮到工人操作機械執行營建工程時所需用到的空間,那麼這個設計稱不上巧妙。若沒有設計好挖掘泥土及在河中澆灌混凝土的程序,橋墩設計得再精良也無法打入河床。

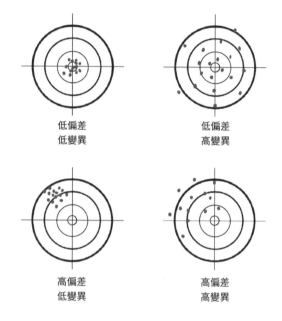

低偏差　　　　　　　低偏差
低變異　　　　　　　高變異

高偏差　　　　　　　高偏差
低變異　　　　　　　高變異

偏差值 bias：預估值與實際測量值之間的差異
變異數 variance：一組資料與其平均值之間的平均分布距離

Identify a benchmark against which outcomes will be measured.

找出可以量測結果的標準評估程序。

一個工程解決方案，其所展示的改良方法必須能被客觀量測。這仰賴我們確立一個
比較的基準點。在設計解決方案的一開始──特別是當結果會被觀察並被不同的利
益相關者量測時── 便需找出一個各方都同意並都知情的**標準評估程序**
（benchmark），來決定改良方法。進行精確測量，比較前後差異，並在設計過程中
不斷重新進入標準評估程序，以確保程序仍然適用。如果程序已不適用，捨棄它，
但不要完全不採用任何評估程序，適當的評估程序能告訴你是否有將工作做好。

96

優先性

"The most important thing is to keep the most important thing the most important thing."

——DONALD P. CODUTO, *Foundation Design*

「最重要的事，就是將最重要的事視為最重要的事。」

——唐諾德・P・寇杜托*《基礎設計》

* 譯註：多本知名基礎設計、建築結構設計教科書作者。

塔橋
為鷹隼提供
築巢處

公路護牆
石籠護牆（gabion wall）以碎石建
造，供植物攀爬，並能杜絕塗鴉

陸橋
下方能為蝙蝠
提供棲所

廢水處理
利用甲烷廢氣為機器發電

While getting the one thing right, do more than one thing.

當你解決一個問題後，請再解決更多問題。

工程學是一門專業，工程師們則被要求解決各種特定問題。解決問題時，別被其他可能的問題分散注意，而忘了原本應該解決的問題。但也不要過於專注同一問題，而讓你無法在能力之內處理更多問題。

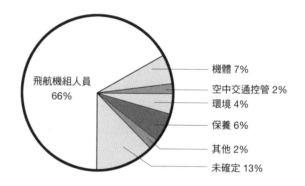

飛航機組人員
66%

機體 7%
空中交通控管 2%
環境 4%
保養 6%
其他 2%
未確定 13%

世界各地的飛航事故原因統計

The fix for an apparent engineering problem might not be an engineering fix.

一個工程問題的修正，可能不是採用工程學方法。

1977 年 3 月 27 日，一架泛美航空的 747 型飛機正在北特內理費機場（Tenerife North Airport，位於加那利群島）的跑道上滑行，另一架荷蘭皇家航空的 747 型飛機正在同一個跑道上準備起飛。兩架飛機的相撞造成五百八十三人死亡，是航空史上人數最多的一次。後來找出了許多物理上的肇因，包含：

- 因為鄰近容量更大的機場臨時關閉，造成北特內理費機場不尋常的高運輸量。
- 許多飛機停在滑行道上，造成滑行程序更加複雜。
- 濃霧限制了視野範圍。
- 沒有地面雷達（ground radar），控制塔台只能靠無線電瞭解飛機位置。
- 同時發送的無線電訊號相互抵銷，造成訊息被遺漏或誤聽，這也導致荷蘭皇家班機的機長進行了未經授權的起飛，即使當時副駕駛表達了疑慮。

災難發生後，飛航工業整體做了改變：

- 「起飛」（takeoff）一詞，除了控制塔台正式授權飛機起飛外，禁止使用。其他時候，「出發」（departure）或其他字眼仍可使用。
- 所有飛航人員都被重新訓練，低階機組人員被鼓勵以合理的疑慮，挑戰機長的決定。同時機長被要求在做決定時，要考慮其他機組人員的疑慮。

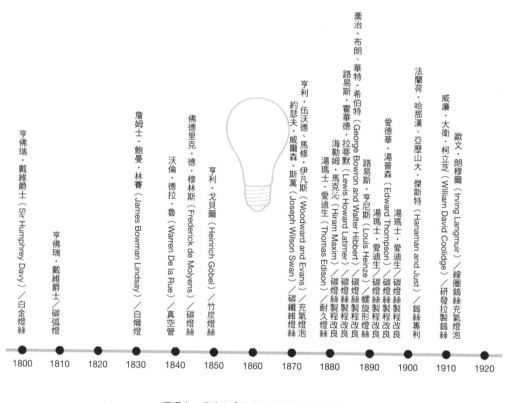

亨佛瑞・戴維爵士（Sir Humphrey Davy）／白金燈絲

亨佛瑞・戴維爵士（Sir Humphrey Davy）／碳弧燈

詹姆士・鮑曼・林賽（James Bowman Lindsay）／白熾燈

佛德里克・德・穆林斯（Frederick de Molyens）／碳燈絲

沃倫・德拉・魯（Warren De la Rue）／真空管

亨利・戈貝爾（Heinrich Göbel）／竹炭燈絲

約瑟夫・威爾森・斯萬（Joseph Wilson Swan）／碳纖維燈絲

亨利・伍沃德・馬修・伊凡斯（Woodward and Evans）／充氣燈泡

喬治・布朗・華特・希伯特（George Bowron and Walter Hibbert）

路易斯・霍華德・拉蒂默（Lewis Howard Latimer）／碳燈絲製程改良

海勒姆・馬克沁（Hiram Maxim）／碳燈絲製程改良

湯瑪士・愛迪生（Thomas Edison）／耐久燈絲

路易斯・亨尼斯（Louis Heinze）／螺旋形燈泡

湯瑪士・愛迪生／碳燈絲製程改良

愛德華・湯普森（Edward Thompson）／碳燈絲製程改良

湯瑪士・愛迪生／碳燈絲製程改良

法蘭荷・哈那漢、亞歷山大・傑斯特（Hanaman and Just）／鎢絲專利

威廉・大衛・柯立芝（William David Coolidge）／研發拉製鎢絲

歐文・朗穆爾（Irving Langmuir）／線圈鎢絲充氣燈泡

1800　1810　1820　1830　1840　1850　1860　1870　1880　1890　1900　1910　1920

湯瑪士・愛迪生「發明」燈泡時得到的幫助

Engineering usually isn't inventing the wheel; it's improving the wheel.

通常來說，工程學並不發明輪子，而是改良輪子。

偉大的發明，通常是在過往各項成就的逐步進展中催生的。1917 年，吉登昂‧森貝克（Gideon Sundback）發明了現代拉鍊。然而，惠康‧朱德森（Whitcomb Judson）早在森貝克發明拉鍊的十八年前就發明了「鉤子扣鎖」（clasp locker），而平縫機發明人艾利亞斯‧浩威（Elias Howe），則在桑貝克發明拉鏈四十年前就取得了「使衣物自動連續閉合」的專利。桑貝克以一顆顆「勺狀」的鍊齒，取代了過往的鉤子與鉤眼的扣鎖構造，每英吋的扣鎖密度增加，為我們提供了熟悉的開關拉鍊的滑動機制。桑貝克取得「可解開的扣鎖構造」的專利六年後，B‧F‧顧里區（B. F. Goodrich）推出了應用桑貝克扣鎖裝置的膠鞋，他以開關拉鍊發出的聲音「Zipper」稱呼拉鍊。

哲學家
對人類追求的理
型、意義、價值進
行反思

科學家
藉由假說與實驗來
確立自然法則

工程師
用已被證實的科學
原則來設計具有實
際用途的物品

技術員
用已知的方法檢
查、分析並著手解
決問題

使用者
渴望無縫切入使用
體驗，通常僅擁有
少量技術知識

偉大的連續

工程是在深刻的人類問題與日常的人類活動所串連出的連續性間進行的。那些未意識到連續性的工程師，會傾向於機械式地完成工作。而那些意識到連續性的工程師，將會更能適應時代的變遷、突來的挑戰與未知的狀況。而那些對連續性了然於心的工程師，則最有可能貢獻出創新的事物。

101

英文索引

(數字為篇章數)

中文索引

（數字為篇章數）

參考資料

Lesson 1: Illustration adapted from Mark Holtzapple, W. Reece, *Foundations of Engineering* (McGraw-Hill Science/Engineering/Math, 2nd ed., 2002), p. 9.

Lesson 6: Illustration with regard to Ralph Caplan, *By Design: Why There Are No Locks on the Bathroom Doors in the Hotel Louis XIV and Other Object Lessons* (St. Martin's Press, 1982).

Lesson 52: Illustration adapted from Frederick Gould, *Managing the Construction Process* (Prentice Hall, 4th ed., 2012), p. 64.

Lesson 53: Gary T. Schwartz, "The Myth of the Ford Pinto Case," *Rutgers Law Review*, vol. 43, p. 1029.

Lesson 67: Illustration adapted from John Elkington, *Cannibals with Forks: The Triple Bottom Line of 21st Century Business* (Capstone Publishing, 1999).

Lesson 75: "The Possibility of Life in Other Worlds" by Sir Robert Ball, *Scientific American Supplement* no. 992, January 5, 1895, pp. 15859–61.

Lesson 76: After Jane Jacobs, *The Death and Life of Great American Cities* (Random House, 1961), pp. 430–31.

Lesson 99: Illustration data adapted from "Global Fatal Accident Review, 1997–2006," UK Civil Aviation Authority.

工程師的思考法則【暢銷經典版】

擁有科學邏輯的頭腦，像工程師一樣思考

作　　者	約翰・庫本納斯 John Kuprenas
繪　　者	馬修・佛瑞德列克 Matthew Frederick
譯　　者	劉士豪
封面設計	白日設計
內頁構成	詹淑娟
執行編輯	劉鈞倫
企劃執編	葛雅茜
行銷企劃	蔡佳妘
業務發行	王綬晨、邱紹溢、劉文雅
主　　編	柯欣妤
副總編輯	詹雅蘭
總 編 輯	葛雅茜
發 行 人	蘇拾平

出版　　原點出版 Uni-Books
　　　　Facebook：Uni-books原點出版
　　　　Email: uni-books@andbooks.com.tw
　　　　地址：231030 新北市新店區北新路三段207-3號5樓
　　　　電話：（02）8913-1005　傳真：（02）8913-1056

發行　　大雁出版基地
　　　　地址：231030 新北市新店區北新路三段207-3號5樓
　　　　24小時傳真服務　（02）8913-1056
　　　　讀者服務信箱Email: andbooks@andbooks.com.tw
　　　　劃撥帳號：19983379
　　　　戶名：大雁文化事業股份有限公司

初版一刷　2020年9月
二版一刷　2025年2月

定價　380元

978-626-7669-00-6（平裝）
978-626-7466-98-8（EPUB

國家圖書館出版品預行編目資料

工程師的思考法則【暢銷經典版】/ 約翰・庫本納斯（John Kuprenas）作；馬修・佛瑞德列克（Matthew Frederick）繪. -- 二版. -- 新北市：原點出版：大雁文化發行, 2025.02

224面；14.8 × 20公分

譯自：101 Things I Learned in Engineering School

ISBN 978-626-7669-00-6（平裝）

1.工程學　2.土木工程

440　　113020810

101 Things I Learned in Engineering School by John Kuprenas and Matthew Frederick

This translation published by arrangement with Three Rivers Press,

an imprint of Random House, a division of Penguin Random House LLC

This edition is published by arrangement with Three Rivers Press through Andrew Nurnberg Associates International Limited.

All rights reserved.